黑龙江省区域生态效率评价研究

白世秀　著

U0309990

中国林业出版社

图书在版编目（CIP）数据

黑龙江省区域生态效率评价研究/白世秀著．－北京：中国林业
出版社，2012.7

ISBN 978-7-5038-6691-3

Ⅰ.①黑…　Ⅱ.①白…　Ⅲ.①区域生态环境－研究－黑龙江省
Ⅳ.①X321.235

中国版本图书馆 CIP 数据核字（2012）第 171882 号

出版　中国林业出版社（100009　北京西城区刘海胡同 7 号）
网址　lycb. forestry. gov. cn
E-mail　forestbook@ 163. com　**电话**　010-83222880
发行　中国林业出版社
印刷　北京北林印刷厂
版次　2012 年 7 月第 1 版
印次　2012 年 7 月第 1 次
开本　880mm×1230mm　1/32
印张　6.75
字数　182 千字
印数　1～1000 册
定价　36.00 元

序

改革开放以来，经济迅猛发展，我国国民经济取得了令人瞩目的成就，经济一直保持 8% ~ 10% 的持续增长，人均 GDP 也超过4000 美元，足以说明我国经济增长的速度是如此的惊人，这其中工业发展对中国的经济发展贡献最大。但是快速的经济增长与发展，没有摆脱传统的增长方式，在经济发展过程中，主要还是依靠资源的投入以及外延式扩张获得的增长，因此在发展的过程中，存在着资源的过度消耗和生态环境的巨大破坏，给社会经济、人类健康及安全带来了巨大的威胁。发达国家以生态经济理念为基础，提出了"循环经济"发展模式。循环经济模拟自然生态系统的运行方式，遵循自然生态系统的运行规律，以资源节约和循环利用为特征，把环境污染排放降到最小的条件下追求更大的经济利益。我国政府也非常重视生态环境问题，相继制定了一些列的法律、法规、政策和标准来减少能源生产和消费活动对生态环境造成的不利影响，国家还划定了酸雨控制区和二氧化硫控制区，制定了加快削减二氧化硫的排放政策。其中这些政策的核心是减少资源的消耗，提高资源的效率，降低环境污染。同时我国政府把建设资源节约型、环境友好型的循环经济发展战略作为我国经济发展的重要任务。目的是从根本上解决资源匮乏、环境污染等问题，以尽可能少的资源消耗获取最大的社会与经济效益，排放最少的空气污染物，实现经济、资源与环境协调发展，共同走可持续发展的道路。

黑龙江省是我国东北老工业基地之一，资源储量丰富，经济增长迅速，GDP"十一五"后期里年均保持了近 10% 以上的增长速度。但是经济的快速增长也消耗了大量资源，排放了大量的废水、废气、固体废弃物，给大气和生活用水造成严重的污染，对人类的身心健康产生明显的损害。大气污染所带来的经济损失量约占当年 GDP 的 3%～7%。环境问题形势严峻，严重制约了经济的可持续发展。经济、资源和环境三个系统的协调发展已经成为影响黑龙江省建立资源节约型和环境友好型社会的主要障碍。经济效益和生态效益并重是推动黑龙江省经济增长向集约型经济发展方式转变，也是提升黑龙江省可持续发展能力的根本途径。

该书以生态效率评价研究为中心，以黑龙江省为研究对象，系统地研究了生态效率的内涵及与其相关概念之间的关系，提出了生态效率的评价基本框架，研究了生态效率评价的理论模型方法，设计了黑龙江省生态效率评价指标体系，并对黑龙江省的 13 市地在 2005～2009 年间的生态效率进行具体的实证分析，针对分析的结果提出促进区域生态效率提高的对策和建议。在这部《黑龙江省区域生态效率评价研究》著作中，作者就理论基础、研究方法和实证分析等部分做出了深入具体的研究。从企业层面、产业结构层面、政府层面及公众参与层面入手，提出了改善黑龙江省生态效率的若干途径，从而为推动黑龙江省建设生态大省和两型社会的步伐提供了决策参考。

该书是目前为数不多的定量化系统研究区域生态效率方面前沿性的专著。著作中的一些观点和结论对黑龙江省两型社会和生态大省的建设具有重要的指导和借鉴意义，而全要素和偏要素相结合的方法不论对国家宏观层面或是企业微观层面的生态效率的评价研究更具有广泛的适用性。

2012 年 6 月

摘　　要

　　伴随着经济高速发展，科技进步日新月异、人民物质生活不断改善的同时、其所带来的周边环境恶化与生态系统破坏的问题也日趋严重，如何避免因经济发展而损害环境利益的问题，已经被提到议事日程上来。黑龙江省在建设生态大省的过程中，注重资源节约和生态环境保护问题，并在其具体发展过程中实施了诸如大力发展循环经济，开展资源循环利用，推行清洁生产等措施，这些措施的实际执行效果如何，需要对其资源的投入和环境产出的效率等方面进行科学合理的定量评价。生态效率作为一种有效评价和管理的手段，可以综合地反映和评价黑龙江省在建设生态大省中的实际效率状况。但是关于生态效率的评价理论和评价方法，目前不够系统和成熟，理论界和实务界远未达成一致性的观点，尤其在评价方法方面，大家还没有达成共识。因此深入系统的研究生态效率评价理论和评价方法在当前具有重大理论与现实意义。

　　本书以生态效率评价研究为中心，以黑龙江省为例，研究了生态效率的内涵及与其相关概念之间的关系，提出了生态效率的评价基本框架，设计了黑龙江省生态效率评价指标体系，分析了生态效率评价的理论模型方法，并对黑龙江省的 13 市地的生态效率进行实证分析，针对分析的结果提出促进区域生态效率提高的对策和建议。具体内容如下：

　　界定了效率及生态效率的内涵，分析了生态效率与物质减量化、循环经济、经济增长、环境负荷、能源效率及帕累托效率等概念之间的联系与区别。研究了生态效率评价的相关理论，包括效率与公平理论、资源经济学理论、环境经济学理论、生态经济学理论、可持续发展经济学理论等，这些理论构成了生态效率评价分析的理论基础。同时从生态效率评价主体、评价客体、评价目标、评价指标、评价方法、评价标准等六个方面建立了生态效率评价研究的基本框架，为后续生态效率的评价与测度建立了理论基础。

提出了全要素和偏要素两种视角下的生态效率评价方法。在全要素视角下在引入 Kuosmanen 和 Kortelainen 等人提出的基于 DEA 和 MPI 的生态效率评价过程和思路；在偏要素视角下，提出了基于 PFE 和 PFEPI 的偏要素生态效率评价方法。全要素与偏要素两种视角的结合使生态效率的评价更加全面深入和具体。

设计了黑龙江省生态效率评价指标体系。在深入分析黑龙江省经济、资源和环境现状的基础上，结合黑龙江省的具体情况，阐述了生态效率评价指标所具有的特殊性，研究了生态效率评价指标设计的依据和应遵循的原则，最后从经济、资源和环境三个方面选取了黑龙江省生态效率评价指标体系。

在全要素和偏要素视角下对黑龙江省 13 个市地的生态效率进行了具体的实证分析。其中在全要素视角下运用 DEA 和 MPI 的模型进行评价，结果得出黑龙江省生态效率总体平均水平不高，而且还呈现下降的趋势；在偏要素视角下运用 PFE 和 PFEPI 进行评价，结果进一步发现，导致黑龙江省生态效率技术无效的地区的原因不大相同，但多数地区都是由于在废水、废气和固废等偏要素生态效率的相对低下所致；导致全省 13 市地 MPI 未能提升的主要因素在于各地的废气和固废的 PFEPI 的下降所致。

最后在针对实证分析的结果，从企业层面、产业结构层面、政府层面及公众参与层面入手，提出了改善黑龙江省生态效率的若干途径，从而推动黑龙江省建设生态大省和两型社会的步伐。

目　录

1

绪 论

1.1 研究背景

随着世界经济发展进入高度工业化阶段，人类社会所面临的人口增长、资源破坏、能源紧张和环境污染等问题日益恶化，严重威胁着经济的增长和社会的进步，生态危机渐现。人们开始关注人口、资源、环境、经济与社会的协调发展，可持续发展思想应运而生。可持续发展以生态经济为基础，主张将资源与环境作为人类自身发展的内在因素，强调资源永续利用与生态系统平衡，生态可持续发展能力是经济健康发展的基础。发展生态经济，注重经济发展的同时也注重环境保护与生态安全。发达国家以生态经济理论为基础，相继提出了"循环经济"和"低碳经济"等发展模式，在全球范围内掀起了环境与生态保护的热潮。

尽管我国经济也取得了令人瞩目的成就，但是在发展的过程中也伴随着资源的过度消耗和生态环境的巨大破坏，给人类健康与生态环境带来了巨大的威胁。我国政府高度重视生态环境问题，相继制定了一系列法律法规，以减少能源生产和消费活动对生态环境造成的负面影响，如《中华人民共和国环境保护法》、《中华人民共和国大气污染防治法》、《中华人民共和国清洁生产促进法》等。同时，在保护生态环境的实践方面也进行了有益的探索，如国家划定了酸雨控制区和二氧化硫控制区等。继生态示范区、重点生态功能区建设之后，2007年10月胡锦涛同志在十七大报告中倡导生态文明，近年来政府更是大力推进环境友好型与资源节约型的"两型社会"建设。"两型社会"为我国经济社会的可持续发展以及生态安全指明了方向。这些政策的核心是减少资源的消耗，提高资源的效率，降低环境污染，改善生态环境，提高生态效率。

黑龙江省既是资源大省，也是环境大省。黑龙江省资源丰富，如木材、石油和原煤等，为国家的经济建设与发展做出了巨大的贡献。同时，高消耗、高投入、低效益粗放型的经济增长模式使黑龙江省付出了极大的环境成本：消耗了大量资源，排放了大量的"三废"，给大气和生活用水造成了严重的污染。环境形势严峻，严重制约了经济的可持续发展。此外，由于黑龙江省地理位置的特殊性，其生态环境置身于"东北亚"环境敏感区，与东北亚各邻近国的生态环境连成一体，它的优劣势必对我们在国际社会中的经济、社会和政治地位产生重大影响。经济、资源和环境三个系统的协调发展已经成为影响黑龙江省未来发展的重要障碍。2000年11月20日，经国家环保总局批准，黑龙江省成为继海南省和吉林省之后国家第三个生态省建设试点省。2004年黑龙江省发布了《黑龙江省省级生态示范区建设标准》，此后在省委省政府的领导下大力推行生态示范村和生态示范区建设。两型社会建设中，黑龙江省致力于在注重经济增长与发展的同时也重视资源节约与环境的改善，致力于生态环境的改善与生态效率的提高。

两型社会即资源节约型和环境友好型社会，其本质要求就是考虑到注重资源的稀缺性及环境与人类的友好性，用最低的资源消耗、最低程度的环境破坏来维持经济的持续增长。这实质上就是要求资源循环利用、生产保持清洁、经济持续发展，注重生态环境整体的改善与生态效率的提升。显然，生态效率是两型社会建设的内在要求，是衡量两型社会建设的重要标准之一，对于两型社会建设具有极为重要的意义，生态效率的高低甚至关系到两型社会建设的成败。

而黑龙江省既是资源大省又是生态大省，生态建设的投入巨大，生态效益明显。然而，生态效益的取得，需要同投入产出进行比较。通过生态效率的评价，为未来生态环境的提高提供有益的参考，为循环经济与低碳经济的发展提供理论依据，而黑龙江省生态效率的评价又能为我国两型社会的建设提供宝贵的经验借鉴。因此，研究生态效率评价的理论基础、建立合理的指标体系，构建具有可操作性的评价方法，并对方法进行具体的应用在目前具有重大的理论与现实意义。

1.2 国内外研究现状评述

1.2.1 生态效率的概念研究

效率一词本身是个经济学概念，它指的是成本与收益之间的比较，效率是我们一切经济活动所追求的价值取向之一。在不同的时代背景下，人们赋予的内涵有所区别。在生态平衡状态良好的情况下，效率追求的是资本和劳动的生产效率，即经济效率；而在自然资源相对稀缺的情况下，经济发展需要我们关注资源和环境的生产效率，即生态效率。

生态效率源于英文单词 eco-efficiency，其中 eco 是生态学 ecology 和经济学 economy 的词根，efficiency 具有"效率、效益"的含义。两者组合到一起则意味着兼顾生态和经济两个方面的生产效率。

生态效率的想法最早由加拿大科学委员会于 20 实际 70 年代提出。1990 年，两位德国学者 Schaltegger 和 Sturn 率先提出生态效率这个名词，并将生态效率定义为"经济增加值与环境影响的比值"[4]。随着这一概念的提出，世界上很多学者开始关注生态效率的研究和应用，深入探讨生态效率的具体内涵，并出现了一些具有重大影响力的定义。

世界可持续发展工商理事会（WBCSD）于 1992 年在《改变航向：一个关于发展与环境的全球商业观点》报告中将生态效率定义为：

"生态效率的形成，需要提供价格上具有竞争优势并能保证生活质量的产品和服务，以满足人们的需求，在商品和服务的整个生命周期内，将其对生态的影响及资源的消耗逐渐降低到地球能负荷的程度，从而达到与地球的承载能力相一致。"[5]强调了以较少资源投入创造具有竞争力价格的产品和服务，将经济与环境的进步相互融合，目的是提高资源的高效利用，降低环境污染的排放，并能获得经济效益与环境效益的双赢状态。

1998 年，世界经济合作与发展组织（OECD）扩大了生态效率的内涵，认为生态效率就是生态资源满足人类需要的效率，即指一种产出与投入的比值，其中"产出"是指提供的产品与服务的价值，"投入"则指给社会造成的环境压力[6]。通过这一定义可以看出生态效率所要解决的基本问题就是度量投入与产出之间的关系。

除了上述这两个具有较大影响力的定义外，其他组织也对生态效率的定义进行了新的诠释。如国际金融公司认为生态效率是通过更有效的生产方法增加资源的可持续利用。BASF 集团认为生态效率是指在产品生产过程中，使用较少的材料和能源，并尽可能减少污染的排放，帮助消费者储备资源。欧洲环境署（EEA）在环境信号报告中指出生态效率是将经济、环境与社会等三因素结合起来进行考虑，采用生态效率指数来度量宏观层次的可持续发展进程，把生态效率定义为用最少的资源获取更多的福利，同时指出生态效率来源于资源利用和污染排放与经济发展的分离关系。

以上是一些机构组织对生态效率给予的相关定义。此外，国外学者在其基础上，从不同角度也对生态效率进行了相关定义。

代表性的有：Meier（1997）认为生态效率中的效率描述了一个系统的收益和其缺点之间的关系。这里的收益指的可以是经济上的收益，也可以指降低环境影响所带来的非经济收益，而缺点指的是环境影响或经济成本[7]。

Desimone（1997）强调，生态效率主要是指在不断改进的发展战略条件下，实现经济和环境绩效的最大化[8]。

Lehni(1998)认为生态效率是生态改进与经济发展的两者结合，经济的可持续发展必须要把环境和经济两股绳连接起来，简单地说，生态效率就是产多耗少，用最少的资源，创造更多的价值[9]。

Schaltegger 和 Burritt(2000)认识到，在一定产出的条件下投入更低，或者在一定输入的条件下产出更高，一个活动、产品或公司就更有效率。在这种情况下，产出包括福利的增加，生活质量和商业利润的提高。相应地，输入包括自然资源的使用、费用支出与导致的环境损害[10]。

Muller 和 Sturn(2001)提出了计算生态效率的公式：生态效率 = 环境绩效/经济绩效。公式中的经济绩效只能用经济增加值或净经济增加值来表示[11]。

综合国外相关国际组织和专家学者对生态效率的定义中可以清楚地看到：所有对生态效率概念的解释，其基本思想和理念都是一样的，即用最小化资源消耗与污染排放，获取最大化的价值产出。

国内的学者大多数是围绕 WBCSD 对生态效率定义的基础上，对生态效率的概念进行相关的研究。如王金南(2002)认为，生态效率是一个技术与管理的概念，它关注最大限度地提高能源和物料投入的生产力，以降低单位产品的资源消费和污染物排放为追求目标[12]。

周国梅(2003)将生态效率定义为生态资源满足人类需要的效率，可以用产出和投入的比值来衡量[13]。

汤慧兰(2003)强调生态效率是指提供有价格竞争优势的、满足人类需求和保证生活质量的产品和服务的同时，逐步降低产品和服务生命周期的生态影响和资源强度[14]。

诸大建(2005)认为，生态效率是经济社会发展的价值量和资源环境消耗的实物量的比值，表示经济增长与环境压力的分离关系[15]。

戴铁军(2005)认为生态效率可以表述为单位产出的原材料消耗、能源消耗和污染物排放量[16]。

吕彬等(2006)认为生态效率是经济效率与环境效率的统一，他将宏观尺度上的生态效率渗透到微观和中观的发展规划与管理中，成为政府及政策制定者的参考依据[17]。

1.2.2　生态效率的理论研究

关于生态效率相关的经济理论研究始于人口、资源、环境、生态和经济发展的现实问题。当时发达国家的环境污染不断恶化，人类社会开始对传统经济增长方式提出了质疑与批判，为了摆脱社会面临的现实困境而提出了一种新的生态经济理论，该理论通过研究生态环境与经济活动之间的相互作用，探索生态经济系统协调发展的内在规律，目的为保护生态环境和经济发展提供科学的理论方法和依据。因此，生态经济理论的产生是社会生产力发展到一定阶段的产物，是生态与经济矛盾运动推动的结果。

与此同时，一些有远见的专家和学者提出了一些代表性的观点与想法，并也提出了一些警告。1932年阿瑟·庇古（Arthur Pigou）就指出污染具有外部性的思想[18]。20世纪60年代中期美国经济学家肯尼思·波尔丁提出了著名的《宇宙飞船经济理论》，被认为是生态经济理论的萌芽，指出地球只不过是茫茫太空中的一个小小宇宙飞船，它所内含的有限资源将很快被人口与经济增长不断消耗殆尽，生产和消费过程中所产生的废弃物将使飞船难逃被污染的命运[19]。1972年，罗马俱乐部出版了《增长的极限》一书，该书首次以严格的经济理论和严谨的数学模型向人类证明了：地球的容积有限，人类生产活动的扩张也有其限度，提出经济零增长的理论，并以整个世界为对象，研究了人口、经济发展、污染以及粮食生产与资源消耗等各种因素之间的相互关系，揭示了人类社会经济发展的无限性与资源的稀缺性之间的矛盾，提出了经济发展必须转变增长方式，改变世俗的价值观念，但是并没有提出实现社会经济发展种种路径，同时零增长的理论也是很难被人们接受的，尤其是对发展中国家来说，停止发展就意味着贫穷、饥饿和永远的落后[2]。1974年美国学者莱斯特·布朗创建了分析全球环境问题的世界观察研究所，开始探讨生态环境与可持续发展的协调发展问题，提出了生态中心论的观点，他认为生态环境是经济发展的基础，经济发展应处于从属和立足于生态原理[20]。1981 年他又出版了《建设一个可持续的社会》一书，首次明确提出了"可持续发展"的这一思想。1987 年，世界环境与发展委员会（WCED）正式提出了迄今为止广为人知的"可持续发展"概念，1992 年该定义被联合国环境和发展首脑会议接受。与此同时，关于可持续发展的研究又迅速展开了，呈现出百家争鸣、百花齐放的局面。此后这一概念得到了广泛的应用，并逐步成为人类社会发展追求的新目标。直到现在，各种论述生态经济问题的著作竞相显现，其内容已远远超出了生态经济学的范围。生态效率的相关经济理论的研究在全球范围内也得到了迅速展开，为解决资源保护、生态环境与经济发展以及人与自然的和谐等重大问题提供理论根据。

关于生态环境与经济发展的相关文献还很多，但主要是实证研究占绝大多数，并且一致认为要靠技术进步来解决生态环境污染的问题，研究的视角均认为环境是从属于经济的，研究的框架均离不开新古典经济理论。

国内关于生态效率的经济理论研究始于 20 世纪 80 年代初，已故的著名经济学家许涤新同志多次强调要认真对待新中国在现代化建设过程中出现的许多新情况、新问题。指出在生态平衡与经济发展之间，生态是占主导的，因为生态平衡一旦受到破坏，这种破坏带来的损失，就要落在经济的身上。并在 1980 年 8 月第一次提出要研究我国生态经济问题，逐步建立我国生态经济学的目标[21]。同年 9 月，出版了《论生态平衡》的第一部论文集。随后姜学民的《生态经济学概论》[22]和马传栋的《生态经济学》[23]也相继出版，成为中国生态经济理论产生的重要标志。从此，生态经济的理论研究开始在我国不断深入，研究成果不断涌现。中国生态经济协调发展理论与实践也由此向深度与广度扩展，其中最重要、最显著的特点就是向可持续发展领域渗透与融合，逐步形成了一种将引起现代经济社会巨大变革的可持续发展经济理论。如刘思华先生 1989 年出版的《理论生态经济学若干问题研究》[24]，马传栋先生的《城市生态经济学》[25]与《资源生态经济学》[26]，山西生态经济学会主编并出版的"生态经济学研究丛书"，由王松霈先生主持的国家社会哲学科学"八五"规划重点课题"现代化进程中的生态经济政策管理"的完成及其成果《走向 21 世纪的生态经济管理》的出版等[27]，都标志着生态经济学在我国取得了长足的进展。它不仅独立地创立了这门学科，建立起了具有一定中国特色的理论体系，而且对我国的经济政策产生了积极的影响，促进了我国的生态环境保护和经济的可持续发展。

在经济人假设方面，我国的研究成果也很丰富，如徐篙龄先生首先提出并加以定义的"理性生态人"概念[28]；刘家顺等提出"生态经济人"的假设并用于企业利益性排污治理行为的博弈分析[29]；徐媛媛提出"生态人"的人性假设，并分析了"生态人"应具有的特征[30]。此外邹方斌对主流经济学中的效率评价标准进行了评析[31]。

在生态经济协调发展理论的基础上创立可持续发展理论，用以指导社会主义市场经济条件下生态经济协调发展与可持续发展，成为今后生态经济协调发展理论发展与应用的基本任务。人们认识社会经济可持续发展规律，是研究生态经济规律和建立生态经济学理论体系的又一次深化，它进一步丰富和完善了中国生态经济学的理论体系，并为用生态经济学理论指导实践提供了更有力的基础。

1.2.3　生态效率的评价方法研究

评价生态效率的方法有很多，依据不同的层面使用的评价方法也不一样，但是众多方法的选择主要跟生态效率的评价对象、评价目的有关。很多有实力的大型企业根据自己的生产经营要求，自行开发适合企业自身可持续发展目的的生态效率评价方法。此外一些权威机构与组织，专家学者都开始根据生态效率的涵义探索生态效率的定量分析方法，力求更科学的、合理的、易接受的生态效率计算方法，掀起一阵生态效率评价方法的研究热潮，具体总结如下：

1.2.3.1 经济—环境比值评价法

关于生态效率的定义有很多，而且说法也不相同，但是基本上都涉及两个方面：经济价值和环境影响。因此，围绕生态效率的含义，很多学者探索出生态效率的比值评价方法，在具体的计算中，把经济价值与环境影响的比值作为评价生态效率的方法。

Oecd(1998)主张，宏观领域的生态效率是可以度量的，度量结果的大小取决于输入和产出指标的确定，其公式可以用(1-1)表示[6]：

$$生态效率 = 产品和服务的价值/环境影响 \qquad (1-1)$$

Wbcsd(2000)认为生态效率计算方法的选择取决于企业以及利益相关者的决策需要。因此众多的生态效率的经济与环境维度的计算方法，是可以用式(1-2)度量[32]：

$$生态效率 = 产品或服务的价值/环境影响 \qquad (1-2)$$

在这里，生态效率可以简单看做是产出与投入的比值。企业、区域或者国家等创造的产品或服务的价值作为产出，如产品或服务的生产总量、产品或服务的销售总量或销售净额等可以视为产出，当然附加值也可以作为备选指标；企业、区域或国家在生产过程中产生的环境影响作为投入，如能量消耗、物质消耗、水消耗、温室气体排放和破坏臭氧层物质的排放等可以视为投入。

芬兰统计局及坦佩雷大学提出了适合芬兰区域的社会生态效率的度量公式：

$$生态效率 = 生活质量的改善/(自然资源消耗 + 环境损害 + 经济花费)$$
$$(1-3)$$

日本工业环境管理协会(JEMAI)分别针对企业和产品两个方面的生态效率度量标准进行了制定，其中企业的生态经济效率用销售额除以环境影响的比值来表示，而产品的生态经济效率用产品的价值与环境影响的比值来表示，这两个方面的标准均已被企业采纳使用。

Schaltegger 和 Burritt(2000)认为生态效率可以被解释为是一个产

出与一个环境影响增加量的比值，即简单界定为产出与输入之间的比率，基本公式用(1-4)表示：

$$生产效率 = 产出/环境影响增加量 \qquad (1-4)$$

不过还有一些学者从生态效率内涵的灵活性出发，突破上述公式的思维定式，提出了另外一种生态效率的计算方法。如 Muller 和 Stunn(2001)在生态效率指标的度量上提出了一种与上述学者正好相反的计算方法，即将生态效率的计算表示为环境影响和价值的比值。与 Muller 和 Stunn 的主张相类似，2003 年联合国贸易和发展会议（UNCTAD）也提出了把生态效率比率的计算颠倒过来的做法[33]，而公式中分子分母的内容没有任何变化。环境影响仍可采用水耗、温室气体排放、能源需求、臭氧层耗竭物质排放以及废弃物量等指标；净收益增加仍可采用净增加值等指标。

2004 年一些学者在荷兰莱顿召开的国际会议上就提出凡是涉及改变单位环境绩效所需要的成本，或与环境成本有关联的创造价值以及涉及经济增长与环境绩效改善的比值都可以视为生态效率的评价方法。

应该看到，两种方法从数学的角度来看是等效的，分子和分母的选择完全遵循生活的习惯和处理。

Huppes(2007)认为生态效率可能存在四种变化[34]。在实际应用中，其结果的正负依赖于不同的应用对象。例如，在技术改善的条件下，环境生产力中的分母成为负值，因此整个比值也变为负；同样，有些环境绩效的改善不一定会增加投入的成本，反而会通过创造了额外的价值降低成本，在这种情况下，环境成本效率为负。生态效率比值分子分母的灵活应用，使得评价结果不再单纯是越高越好，它也可能是越低越好，这种变化随着不同研究对象的特点也有可能变化。

综上所述，经济—环境比值评价法是从生态效率的定义中演变而来的，不论这种比值法有多少种表示方法，这些方法有一个共同的特点，即经济价值和环境影响都是用一个数字来表示，其中经济价值可以用成本或产品价值来表示，而环境影响是由众多要素的整合确定的。

1.2.3.2 生态效率指标评价分析法

生态效率指标概念的最初引入其实是为了评估环境发展水平对整个社会经济可持续发展的影响。随着对其研究的不断深入，发现使用生态效率指标手段有助于提高自然资源的利用率，降低经济发展对社会环境的影响，因而生态效率指标实际上是一种决策工具，它是解决资源利用率，提高生产效率，降低环境污染的有效途径。因此在生态效率的评价方法中指标评价法很常见，本研究综合已有的文献将现有的指标评价成果分别进行评述。

联合国国际会计和报告准则（UNCTCIS）也列举了五个生态效率指标，指标具体包括初级能源消耗量/增加值、用水量/增加量、气体排放量/增加值、固体和液体废弃物量/增加值、臭氧层气体排放量/增加值[35]。

世界可持续发展委员会（WBCSD）提出了五个一般性环境指标和两个备选环境指标，其中五个一般性环境指标是指能量消耗、物质消耗、水消耗、温室气体排放、破坏臭氧层物质的排放；两个备选环境指标是指酸化气体排放和废弃物总量。

联合国贸易和发展会议（UNCTAD）的报告推荐了五个以排放为基础环境指标，具体包括不可再生能源消耗、水资源消耗、温室气体排放、破坏臭氧层物质的排放、固体和液体废弃物。

Kristina Dahlstrom and Paul Ekins（2005）运用了资源生产率、资源效率和资源强度等三大类共计 11 项指标（指标见表 1-1）对英国的钢铁和铝制品两大行业的生态效率进行了评价，评价结果表明，尽管英国的钢铁和铝业产业在所研究期间的资源使用效率得到了明显的改善，但是他们同时也发现伴随着钢铁和铝业的生态效率的改善同时，钢铁和铝业单位能源和材料所创造的经济产出（工业附加值）

也随之发生了降低，他们认为之所以出现这样自相矛盾的结果，主要是由于当时原材料要素价格的降低以及当时相关产业存在着强烈的竞争压力，相关产业都纷纷以降低成本来提高其各自的竞争优势，从而导致相关产业对经济产出计量和核算的降低[36]。

表 1-1　生态效率指标内容

Table 1-1　Content of eco-efficiency index

指标类别	指标名称	公　式
资源效率指标	原材料效率	有效原材料产出/原材料投入
	能源效率	有效能源产出/能源投入
资源生产率指标	原材料生产率	经济价值产出/单位原材料投入
	能源生产率	经济价值产出/单位能源投入
	劳动生产率	经济价值产出/单位人工投入
	劳动 – 材料生产率	有效原材料产出/单位人工投入
	能源 – 材料生产率	有效原材料产出/能源投入
资源与环境污染强度指标	能源强度	能源投入/经济价值产出
	能源碳排放强度	碳排放量/能源投入
	经济价值产出的污染排放强度	污染排放量/经济价值产出
	经济价值产出的碳排放强度	碳排放量/经济价值产出
通用生态效率指标	生态效率	经济增加值/环境影响排放

Hartmut Hoh、Karl Schoer 和 Steffen Seibel(2002)指出，德国的环境经济核算账户中，生态效率评价的指标也采用了生产率这样的指标，该指标主要对国家及区域层面的生态效率进行测算[37]。在运用该指标时，分子通常用国内生产总值(GDP)来表示就可以，分母需要考虑的因素得多一些，具体包括的内容见表 1-2。

表1-2 德国环境经济核算中用于表征生产率的投入要素指标

Table 1-2 Input factors for productivity representation in German EEA

指标类别	指标名称	指标含义
自然资源作为投入要素	土地	专指用于建筑用地或交通用地
	能源	初级能源消耗数量
	原材料	在生产中消耗的原材料,包括国内开采的非生物原材料和国外进口的非生物原材料
	水	从自然界开采的水资源
自然环境作为投入要素	温室气体	对环境造成影响的温室气体排放,如 CO_2
	酸性气体	对环境造成影响的酸性气体排放,如能够产生酸雨的气体排放
共同经济要素	劳动力	总工时的劳动量
	资本	指用于消耗的固定资本

目前国内关于生态效率度量指标的相关文献也很多,周国梅(2003)介绍了生态效率概念的进展,分析了工业生态效率指标体系的原则及内容,重点论述了3个指标:能源强度指标、原材料强度指标和污染物排放指标;在工业生态效率指标的基础上提出建立循环经济的评价指标体系[13]。

2004年在中国环境科学会议上,专家学者们纷纷呼吁运用生态效率指标来度量经济发展与生态环境之间的关系。指标内容包括资源效率指标和环境效率指标两大类。其中资源效率指标包括单位能耗的GDP、单位土地的GDP、单位水耗的GDP、单位物耗的GDP;环境效率指标包括单位废水的GDP、单位废气的GDP、单位固废的GDP。

2004年,上海市出台了《上海产业能效指南》和《上海产业用地指南》,在这两个指南中,给出的上海市大中类行业的产值能耗、产值水耗的均值、建筑容积率、土地产出率和投资强度的均值以及推荐值，均可用于评价企业的生态效率。

陆钟武（2005）指出不同行业或企业间生产经营的特点各不相同，所以在评价其生态效率时，其所选的生态效率指标也会有所不同。但针对工业企业来讲，一般选用原材料强度指标、能耗强度指标和污染物排放指标三个指标来评价企业的生态效率。并以钢铁企业为例，运用资源效率、能源效率和环境效率这三个指标，对钢铁企业的生态效率进行计算与分析[38]。

邱寿丰、诸大建（2007）在借鉴德国环境经济账户中生态效率指标的基础上，构建适合我国国情的生态效率评价指标，具体指标包括土地使用、能源消耗、水消耗、原材料消耗、二氧化硫排放量、废水排放量、国内生产排放、劳动总量等，并运用这些指标分析我国生态效率的变化趋势[39]。

商华（2009）依据系统论的思想，整合已有的生态经济系统的评价方法，根据生态效率的经济维度和环境维度，构建了生态经济发展水平、生态环境发展水平、生态园区域水平和生态效率指数为基础的四大类生态效率指标分析方法[41]。

此外，还有其他学者根据污染物指标的不同，将生态效率指标分为基于工业废水的生态效率指标、基于工业废气的生态效率指标和基于工业固体废弃物的生态效率指标。该类指标是在国家已有的相关三废排放指标基础上开发出来的，比较符合我国的实际情况，且获取指标相对较为容易。

1.2.3.3 物质流分析法

在区域的生态效率评价中，最常用的方法是物质流分析法（Material Flow Analysis，MFA）。物质流分析法是在工业和社会两大代谢理论基础上提出的，是对某个区域的经济活动中物质流入与流出量之间进行分析的一种方法。物质流分析一般包括数据收集与整理、指标计算与分析等环节，其中指标在物质流分析中是最重要的一环，通过指标分析可以监测经济增长所需的资源消耗量，并且还能分析经济增长对生态环境的影响程度。因此物质流分析法作为一种决策工具对经济的可持续发展有一定的推动作用。物质流分析中用到的指标主要有六类：输入指标、输出指标、消耗指标、平衡指标、强度和效率指标及综合指数[42]，见表1-3。

表1-3 物质流分析指标分类及其计算公式
Table 1-3 Calassification and formula of Material flow analysis index

指　　标	计算公式
物质输入指标	(1)直接物质输入 = 区域内物质提取 + 进口 (2)区域内物质输入总量 = 直接物质输入量 + 区域内隐藏流 (3)物质需求总量 = 区域内物质输入总量 + 进口物质的隐藏流
物质输出指标	(4)直接物质输出量 = 区域内物质输出量 + 出口 (5)区域内物质输出总量 = 区域内物质输出量 + 区域内隐藏流 (6)物质输出总量 = 区域内物质输出总量 + 出口
物质消耗指标	(7)区域内物质消耗量 = 直接物质输入 – 进口 (8)物质消耗总量 = 物质需求总量 – 出口及其隐藏流
平衡指标	(9)物资库存净增量 = 贮存物质净增长量 (10)物质贸易平衡 = 进口物质量 – 出口物质量
强度和效率指标	(11)物质消耗强度 = 物质消耗总量 ÷ 人口基数或物质消耗强度 = 物质消耗总量 ÷ GDP (13)物质生产力 = GDP ÷ 国内物质消耗量 (14)废弃物生产率 = 废弃物产生量 ÷ GDP
综合指数	(15)分离指数 = 经济增长速度 – 物质消耗增长速度 (16)弹性系数 = 物质消耗增长速度 ÷ 经济增长速度

Seiji Hashimoto 和 Yuichi Moriguchi（2004）在研究社会代谢物质循环的指标时就是站在物质流分析的角度，他建议用六个物质循环指标[48]，见表1-4。

表1-4 物质循环指标

Table 1-4 Materialcirculation index

指标名称	指标意图描述
直接物质投入（DMI）	限制自然资源的消耗
已用产品再生使用率（URRUP）	回收使用过的生产产品（从投入端）
物质使用效率（MUE）	回收副产品和防止污染
物质使用时间（MUT）	对使用过的产品再利用和防止污染
已用产品再生率（RRUP）	回收使用过的生产产品（从产出端）
国内生产过程排放（DPO）	减少环境承载压力

芬兰的 Hoffren（2001）设计了五种计量国家经济创造福利的生态效率指标，主要包括生产生态效率（EE_1）、工业生态效率（EE_2）、社会生态效率（EE_3）、人文生态效率（EE_4）和潜力生态效率（EE_5）。前四种是利用已有指标建立的4个度量国家经济创造福利的生态效率指标，第五种指标为 Hoffren 设计的一种新的福利度量指标。指标公式及具体释义见表1-5。运用 Hoffren 设计的五种生态指标进行计量与评价的还有芬兰 ECOREG 项目，该项目以 Kymenlaakso 地区为研究对象，分析了该区域的生态效率[49]。

表1-5 Hoffren 设计的生态效率指标

Table 1-5 Eco-efficiency index designed by Hoffren

指标名称	指标公式	指标释义
生产生态效率（EE_1）	$EE_1 = GDP/DMF$	DMF（直接物质流）= DMI（直接物质投入），下同。
工业生态效率（EE_2）	$EE_2 = EDP/DMF$	$EDP = GDP$ 减去固定资本（人造资本）消耗环境资源（环境资本）

（续）

指标名称	指标公式	指标释义
社会生态效率(EE_3)	$EE_3 = ISEW/DMF$	Cobb and Daly 将 ISEW 表示成如下公式： $ISEW = C_{adj} + P + G + W - D - E - N$ C_{adj} 是调整收入分配后的消费者支出；P 是非防务公共支出；G 是资本增长和国际位置净变化；W 是非货币贡献的福利估计；D 是防务私人支出；E 是环境退化成本；N 是自然资本贬值。
人文生态效率(EE_4)	$EE_4 = HDI/DMF$	HDI 度量的是一个人文发展三个基本维度的总体成就：寿命、知识和生活水平。具体度量的是期望寿命、受教育程度、购买力差异调整后的收入。
潜力生态效率(EE_5)	$EE_5 = SBM/DMF$	$SBM = NNI - TE - NE - NR - OE$ 其中：NNI 是净国民收入；TE 是社会总环境支出；NE 是经济活动的负面效应；NR 是人类导致的资源变化；OE 是生物圈中人类导致的其他变化

Morioka(2005)运用物质流分析指标 DMI 和生命周期分析法对 Hyogo 生态城中的废旧汽车和家用电器的闭环回收系统的生态效率进行了评价。评价结果表明，废旧汽车回收系统的总经济绩效提高了 114%，生效效率提高 57%[50]。

我国学者邱寿丰（2007）通过对物质流循环指标的分析，认为 DMI 和 DPO 在抑制自然资源消耗和减少环境负荷的相关性上较为密切，所以在测度循环经济时可以采用基于 DMI 和 DPO 的生态效率指标[51]。

1.2.3.4 生态足迹法

此外生态效率的度量也可以采用生态足迹法（Ecological Footprint)[57~62]，生态足迹作为生态承载力评价方法之一，最初是由加拿大生态经济学家 E. R. Wiliiam 提出，随后由 Wackemagel 于 1996 年进一步完善，该方法通过估算特定区域内(或特定人群)的消费及吸收废弃物排放所需的生态生产性面积(包括陆地和水域)，并与该区域能够提供的生态生产性面积进行比较，来衡量区域经济发展的可持续状况。

国内学者也有用这种指标来计算生态效率。如李兵等(2007)在分析生态足迹的基本原理和计算模型基础上，对生态足迹法进行创新与改进，把生态足迹创造性从宏观领域应用到微观领域，并对成都市的某个企业的生态足迹进行分析与说明，指出企业的产值越高，同时对生态环境的占有使用越少，则表明生态效率越高[63]。

王菲凤等(2008)利用生态足迹成分法分析评价了福州大学城 4 所高校新校区 2006 年的校园生态足迹和生态效率[64]。

黄娟等(2010)引入生态足迹法对某造纸类的上市公司的财务生态效率进行了研究[65]。

李斌等(2011)结合饭店的经营特点，介绍了基于生态足迹的饭店生态效率的计算过程，指出生态足迹分析法作为决策工具可以提高饭店的生态效率[66]。

将生态足迹作为生态效率定量评价的指标，可以描述企业的生态效率及其影响因素，如能源、水资源和原料都可成为影响企业生态效率的因素。这一方法为降低企业的生态足迹、提高企业生态效率指明了需要改进的方向。但是生态足迹通过能提供给人类的生态生产性土地的面积总和来确定生态承载力，不能反映研究对象的社会、经济活动等因素。

1.2.3.5 参数分析法

用于计量生态效率的参数分析方法主要有生产函数法和随机前沿生产函数方法。

其中生产函数法是典型的参数方法之一，以此方法进行生态效率研究，第一步需要选择生产函数的数学形式。最为常用的生产函数形式是柯布—道格拉斯生产函数、常替代性生产函数以及超越对数生产函数等三种形式。相对来讲，函数法易于应用。但由于受到函数形式本身的限制，在应用时必须要加上竞争性均衡、规模收益不变和中性技术进步等假设条件。

1928年美国数学家Charles Cobb和经济学家Paul Dauglas提出了著名的柯布—道格拉斯生产函数（以下简写成C—D生产函数），最初的C—D生产函数只考虑了两种投入要素：资本和劳动。在实际应用中，一般通过对实际的时间序列数据进行计量回归，可以得到参数的估计值，对这一估计值就是我们所希望得到的全要素生产率的平均增长率。

1961年由Arrow，Chenery，Mihas和Solow四位学者提出了两要素的常替代弹性（CES：Constant Elasticity of Substitute）生产函数。CES生产函数的特殊形式是变为线性函数。线性生产函数的特点是：等产量线是一条直线，具有不变规模报酬，投入要素之间具有完全替代性（无限替代弹性）。当参数取特殊值时，CES函数可趋近于固定比例生产函数（又称投入产出生产函数和Lotief生产函数），也可经过适当变化，使CES函数趋近于C—D生产函数形式。

与C—D生产函数和CES生产函数预先假定技术进步的希克斯中性相比，超越对数生产函数则无此限制。另外，超越对数生产函数的特点在于其替代弹性是可变的，且两要素的替代弹性各不相同。超越对数生产函数具有广泛性的特点，C—D生产函数和CES生产函数都是它的特殊形式。

随机前沿生产函数方法是测度效率的另外一种参数分析法，该方法的理论最初由Aigner、Lovell和Schmidt以及Meeusen. Van den Broeck提出，并很快成为计量经济学中一个引人注目的分支。随机前沿生产函数方法，采用传统的生产函数模型，把污染物作为一种非期望产出（Undesirable output）来处理，可以用来计量生态效率。

Fare等于1993年把环境影响作为非期望产出，使用类似于目标规划的参数形式的数学规划技术，来计算确定型的超越对数产出距离函数的参数，用该方法可以计算环境影响的效率和影子价格[69]。

Reinhard 等(1999)用荷兰奶牛场的面板数据估计超越对数前沿生产函数的参数，将有害的环境污染物氮气剩余量作为投入，他们计算了技术效率和环境效率[71]。Reinhard 等（2000）在 Reinhard（1999）的基础上把他们的方法拓展到多种有害的环境污染物作为投入，并用随机生产前沿面的方法与 DEA 方法进行了效率评价结果的比较[72]。

1.2.3.6 非参数分析法

非参数分析法中最常用的是数据包络分析法（DEA），DEA 在生态效率评价中的应用重点在于如何处理和对待污染排放物，即非期望产出的处理上，对于污染排放物作为投入还是产出在生态效率评价中一直是一个有争议的问题，主要有曲线测度评价法、污染物作投入处理法、数据转换函数处理法以及距离函数法等四类处理方法。

Fare(1989)等把环境影响作为非斯望产出，他们开发了一种曲线效率测量方法，用以估计生产绩效、增加期望产出、减少非期望产出的能力，他们的方法基于强可处置和弱可处置的假设之上，他们建议用非参数数学规划方法即 DEA 法，来构建强可处置和弱可处置的最佳的生产前沿面，并计算曲线效率[73]。

Tyteca(1997)等为 Fare 等人 1989 年提出的用 DEA 方法测评企业的环境效率提供了经验证据[74]。

Dychkhoff(2001)在传统 DEA 模型假设的基础上，加入了优选结构，按照荷兰 Leiden 大学环境研究中心的生命周期分析方法对非期望输出环境影响进行分类，作为 DEA 模型中的输入[75]。

Sarkis(2001)尝试使用六种 DEA 模型对 48 家电厂的生态效率进行计算和比较，并对不同模型计算结果的异同进行分析[76]。

Kothonen(2004)在 DEA 模型的分析基础上，通过两种不同的处理方法计算了欧洲 24 个电厂的生态效率。第一种方法是分别使用两种 DEA 模型计算电厂的技术效率和环境效率，然后将两个计算结果相乘得到各电厂的生态效率；第二种方法直接将污染物作为 DEA 的输入指标进行计算，最后结果证明，两种方法得到的生态效率评价结果十分相似[77]。

Kuosmanen(2005)以环境压力指标取代污染物产生量指标，使用DEA模型，对芬兰三个镇的公路运输业的相对生态效率进行了分析[78]。

与此同时，国内学者也纷纷将DEA方法引入到对区域生态效率的评价中。

张炳等(2008)人在现有生态效率评价方法的基础上，构建了企业生态效率评价的指标体系，并将污染物排放作为一种非期望输入引入到数据包络分析模型中，运用该模型对杭州湾精细化工园区企业生态效率进行评价[88]。

杨斌(2009)运用DEA方法选取了废水、化学需氧量等7项环境指标和能源、水及土地等3项资源指标作为投入量以及地区GDP作为产出量对中国2000~2006年区域生态效率进行了测度和评价[89]。

杨文举(2009)借鉴Kuosmanen(2005)等人的思想，采用DEA模型，选取工业增加值来度量工业生产活动的经济增加值，以工业废水排放总量、工业固体废弃物产生总量和工业废气排放总量3个指标来度量工业生产活动对环境造成的压力对2007年中国各省的生态效率进行截面分析[90]。

段显明(2009)选取了工业废水排放超标量、工业SO_2排放量等5项环境指标及主营业务成本作为投入向量，选取工业增加值作为产出向量，对中国39个工业行业生态效率进行了评价[91]。

王宏志等(2010)采用超效率DEA模型，选取了废水、SO_2等6项环境指标和地区GDP指标对2007年中国各省的生态效率进行截面的比较和分析[92]。

除了上述提到的主要的生态效率评价方法外，还有一些其他学者也纷纷提出了不同的评价方法，用于对生态效率进行定量评价，如荷兰Delft大学建立生态成本价值比率模型(Eco-cost Value Ratio, EVR)[94]，Hellweg(2005)试图通过环境成本效率(Environmental Cost

Efficiency，ECE）来评价固体废弃物的四种末端处理技术卫生填埋、生物处理、现代焚烧和高温处理的生态效率[95]。Jollands（2004）通过将主成分分析法（Prinncipal Components Anlysis，PCA）引入生态效率指标的确定过程中，把新西兰用于评价生态效率的 131 个指标简化为 14 个综合的指标，这种统计分析的方法使决策者制定政策更具有针对性[96]。

1.2.4　生态效率的应用研究

国内外学者关于生态效率应用的研究主要集中在企业、产品、行业及区域四个层面。其中在企业和行业方面的应用研究较多，在产品及区域应用方面次之，下面将从这四个方面逐一展开评述。

1.2.4.1　企业层面的应用研究

在生态效率的应用中企业是一个非常重要的领域，企业应用生态效率的主要宗旨是减少产品与服务的资源耗用量，减少废水、废气、废渣等有毒物质的排放，加强废弃物的循环与使用，最大限度地使用可再生资源，节约不可再生资源的利用，提高产品的质量与售后服务的强度，因此生态效率无疑成为衡量企业可持续产品与消费的一个重要指标，生态效率的高低代表着环境与经济的双赢[97]。

在企业层面最早探索生态效率的先驱者是明尼苏达矿务及制造业公司（Minnesota Mining and Manufacturing，缩写为"3M"），自 1975 年至今该公司声称通过重新设计清洁生产和产品的方式，为公司减少了 75 万吨污染物的排放，节省了 79 亿美元的费用。

1990 年美国庄臣父子公司（SC Johnson Wax）通过实施一个生态效率项目，为公司减少了 50% 的废弃物，减少了 25% 的包装材料，采用了 16% 的可降解性原材料，并用可再生能源代替传统的能源，满足了 1/3 的能源需求，提高了废水的循环利用率。这个生态项目的实施使企业产品的收益提高了 50%[98]。

1992 年，在全球峰会上，生态效率就已被认定为私人企业评定企业经济发展的有利工具，它体现了企业可持续发展的思想和管理哲学[100]。

1995 年，富士施乐引入了一种全新的制造方式——整合资源循环系统，明确了产品资源循环利用的方针，目的是减少产品在整个生命周期内对环境的负面影响，指出使用过的产品不是垃圾，而是我们的宝贵资源，从而达到资源的最大利用，实现零排放。2000 年，富士施乐公司在日本市场上就已经实现了对使用过的材料 100%的循环利用，通过对废旧物品的回收和利用实现了节约成本的优势，提高了公司的收益，起到了双重的效果。通过引入生态效率的理念，提高了企业生态效率的空间与机会，有效降低了企业的机会成本，改善了企业的经济、环境及社会绩效，提升了产品的品牌形象[101]。

1999 年德国大众汽车公司曾推出生态型轿车，该车型设计的最大优势就在于除了车轮之外所有的部件在整个生命周期内按照低碳标准重新设计。整个车身都采用重复使用的材料，汽车经废弃物和污染减量化处理，使用到年限时，支持简易拆卸和循环使用过程处理。汽车在使用时不但具有能耗少、尾气排放少，噪音低，而且驾驶舒适、价格便宜，深受广大消费者的喜爱。

日本的 Sony 公司在 2000 年就建立了自己的生态效率目标，要求所有员工必须学习环境保护相关的知识，在生产过程中尽可能的实现闭环零排放的低碳生产模式，推动绿色会议，提高企业办公效率，节约办公资源。设计产品时遵循"从摇篮到摇篮"的先进设计理念，使企业原料在供应—生产—使用—回收这一过程中产生尽可能少的环境污染。日立公司也非常重视节能与环境保护领域，将环境效率的概念引入公司，提高公司的能源和资源的使用效率，并控制和降低企业的温室气体排放，减少不要的原材料浪费。

克罗地亚的 Lura 集团是克罗地亚最著名的奶制品集团龙头公司之一，Lura 公司实施生态效率战略时，开展了一个对废水进行闭环系统纯化工程，将淤泥治理成一种混合肥料，由残余淤泥、未成熟肥料、树皮和锯屑组成。该纯化工程每天处理 7 吨淤泥，公司不仅不用再缴纳废水排放费，还因出售这种混合肥料的获益而将该工程的投资回收期缩短到 18 个月。该生态效率工程不仅全面改善了公司的环境绩效，也扩大了公司的业务范围，为公司带来了新的收益，也为社会提供了新的就业机会。另外 Lura 公司还选择了西得乐产品用 PET 瓶包装其 BioAktiv 酸奶饮料。使用了西得乐公司供应的第一台配备 Predis 净化系统的 Combi 机。通过使用 PredisTM 系统，可完全保证用户冷藏产品销售日期之前的食品安全，具有经济、简易、节约成本和保护环境等多重功效。

葡萄牙的 Parmalat 公司也通过使用生态效率这一举措有效地节约了成本。Parmalat 公司生产各种牛奶和果汁，是享誉全球的著名企业，该公司已经建立了环境管理系统，通过了 ISO 9002 和 14001 验证。该公司参与了 WBCSD 在欧洲的一个生态效率计划，和当地的另外九家公司一起，首先系统分析了在公司运作、水管理系统措施、废水减量、原材料和能源损失等方面的生态效率提高机会，识别出了 80 多个清洁生产、质量控制和维持的机会，并转化成 58 个具体生态效率提高措施，以此将原材料损失由原来的 2% 降低到了 1%，并且将生产工艺中的用水量由 4 吨减少到了 3 吨。这些措施带来的成本节约每年都比措施本身所需成本高出三倍。这十个公司的联合计划不仅使本公司受益，还为当地的可持续发展做出了贡献。

法国的电池制造厂因为生产不含汞和锡的电池，获得了欧洲绿色品牌标志而销量大增，不到几个月，其产品在欧洲市场的占有率就提升到 15% 以上。

德国为燃油和燃煤气的加热器引入了环境标志后，两年时间内，"绿色"加热器就占据了 60% 以上的市场份额。

德国的 BASF 集团是世界著名的化工企业，其经营的主要产品包括化学药品、塑料制品、农产品、精细化工产品、原油以及天然气。它是最先实行生态效率评价的企业，把生态效率的分析结果视为企业可持续发展的决策工具。BASF 集团使用的生态效率分析方法在生命周期分析方法的基础上，从原材料的获取、产品的生产和使用直至产品使用后的处置过程中，每一过程对环境产生的影响，并比较两种或多种有相关度的产品或生产过程，确立客户受益度，确定各相关产品所指向的消费者受益，在确定客户受益度这一比较基准后．针对不同产品(或生产过程)，明确比较对象。在生命周期评价体系和框架下，主要考察六大类环境影响因素：能源消耗，原材料消耗，排放(废水、废气和废弃物)，潜在人体危害，潜在风险评估，土地占用。以此展开环境影响因素的生命周期清单分析，核算全生命周期内的经济成本，最后用矩阵形式同时表现经济效率和生态效率。这种方法汲取了生命周学和环境毒理学的一些经验，并以民众的随机调查结果作为可靠参数，描述出环境影响和经济效益矩阵结果，全面评价产品生产过程或解决方案。这一分析方法受到多家权威组织、机构的认证认可。此后该方法广泛运用于 BASF 公司内部和欧、美、亚洲多个国家和地区的公司的实际生产决策过程，成功应用于 300 多个项目的分析研究。越来越多的企业在做环境决策时都采用生命周期分析方法。这一分析工具通过科学的分析方法和过程，直观地展现其可持续发展性[102]。

ABB 集团是全球电力和自动化技术领域的全球领导厂商，在改善生态效率方面做出的最大贡献是：不断改进，以求提高发电效率，减轻废气及废弃物的排放，减少原材料的使用，并尽量延长发电厂的使用寿命。其对气体涡轮的新型设计可以将能源效率从 30% 提高到接近 40%，天然气的使用效率可以提高至 60%。在输配电设备方面，一般情况下，发电厂制造的电力会有 10% ~20% 损失在输电过程中，ABB 的新技术可以通过提高输电线的容量来减少输电线的使用效率。有计算表明，在未来 20 年节省 10% 的资源效率的效果，相当于 300 多座发电厂可以额外发电 20 万兆瓦。

此外，各国学者也针对各类型企业纷纷开展了生产过程的生态效率评价。取得了一些实质性的研究成果，其中发电、石化、造纸等企业的生态效率分析具有重要的价值。

Sarkls(2005)对威尔士的中小型制造企业的废弃物管理的生态效率进行了讨论。认为生态效率作为企业的一种决策工具，它的分析结果往往可以作为企业项目选择、投资取向等的准则之一[110]。

Nieuwlaar(2005)在分析荷兰一家石油天然气生产企业的环保措施的生态效率时,计算了不同环保项目投入组合对环境改善的边际效益。结果表明,投资 100 万欧元,可以改善目前 80% 的不良环境绩效,而其余 20% 的不良环境绩效则需要成倍的资金投入[111]。

Roland(2005)提出一种对环境保护措施的生态效率核算方法,以瑞士国家铁路公司作为案例进行验证,通过对能源节约、风景区及自然保护、防止噪声和修复被污染的土壤四个层面分别进行评估,为决策者选择合适的投资策略提供了依据[112]。

Van(2005)从资源效率的角度分析了生态效率(EE)和清洁生产(CP)的互补性,生态效率以企业战略为主(创造价值)而清洁生产强调的更多是生产过程,金属制造企业的生态效率及清洁生产共同作用,使生产过程达到环境、经济绩效最佳[114]。

Park(2006)等以一个中小型的韩国电子元件生产企业为例,分析了各种污染削减措施的生态效率[115]。

Cote(2006)等在对加拿大的 25 家中小企业进行分析时,开发了一套适用于评价中小企业生态效率的指标与方法,结果表明,这些企业的生态效率普遍较低,提升生态效率的驱动力主要来自于成本的降低,而非通常认为的管理政策的调整,这对中小企业的生态效率评价是一次很好的实践[116]。

Hua 等建立了一个非径向 DEA 模型来分析评价我国淮河流域 32 个纸厂的生态经济效率[117]。

戴铁军、陆钟武(2005)提出了分析钢铁企业生态效率的三个指标:资源效率、能源效率及环境效率指标,并把这三个指标运用到某个钢铁企业的生态效率分析中,探讨了企业间互相利用废品和污染物的共生关系对企业资源效率、能源效率和环境效率的影响,指出在企业间形成相互利用废品和污染物的共生关系,是解决企业资源、能源和环境问题的重要方法和途径[118]。

1.2.4.2 产品层面的应用研究

随着社会对生产者责任制和产品末端环节的环境绩效越来越关

注，产品的生态效率研究渐渐从企业的生态效率研究中分离出来，并延伸到与产品生产有关的一切环节，包括生产技术、废旧产品的处理等。

生态效率概念的应用可以从能源、材料等方面延长产品的使用效率，缓解处理废旧电器给社会带来的压力。在这样的背景下，现有的产品生态效率评价以电子产品为主。1998 年欧盟颁布了《废旧电子电器回收法》，2005 年 8 月开始，欧盟的《报废电子电气设备指令》（WEEE 指令）开始正式实施，规定生产商、进口商和经销商负责回收、处理进入欧盟市场的废弃电器和电子产品。美国在 20 世纪 90 年代初就对废旧家电的处理制定了一些强制性的条例，另外，美国各州也根据需求，制定州内相关的法律条例，严格控制废旧电器的处理。

Huisman（2004）等认为，生态效率的计算结果对制定废旧电子产品的分解标准和回收系统的绩效评定是一种有效的支撑，他提出采用二维生态效率图分析废旧电器不同时期的生态效率状态或不同产品的生态效率，并以纯平显示器（CRT）和液晶显示器（LCD）为例进行了具体分析[119]。

Park（2006）做了关于废旧洗衣机的生态效率分析，将生态效率的方法同其他三种决策方法——二维图表法、货币折算法和多目标决策法同时使用，尽管生态效率的分析结果和其他三种方法在某些方面有些不同，但整体趋势与另外三种方法结果相同，因此，也算是一种有效的决策方法[107~108]。

近年来，在产品生态效率评价研究中又涌现出一些对生产过程、废弃物处理等技术的应用评价。Hellweg 等（2005）分别使用 100 年和无穷长时间两种尺度比较评价了固体废弃物的四种末端处理技术（卫生填埋、生物处理、现代焚烧和高温处理）的生态效率，得出的结论是：从长期发展的角度看，高温处理的环境成本最高，其后依次为生物处理和焚烧，并认为无穷长时间尺度上的分析更加有说服力[122]。

Husiman(2004)在欧洲电子废弃物回收体系研究中，运用生态效率的概念对各种家用电器的不同回收处理路径进行了具体的分析[123]。

Sarkis(2005)发现，不同中小制造企业采用的废弃物处理技术在生态效率上有着明显的区别，这对于废弃物管理的具体标准制定具有重要价值[110]。

Eik 等(2005)利用动态方法对塑料包装的回收体系进行了分析，探讨了物质的保存、生产技术、不同回收率与成本的相互影响，但是大部分只是进行了理论实验与探索[124]。

在发达国家中，日本从 1995 年开始对各种废弃物如家庭垃圾、食物、电器等的处理进行立法，并在 2003 年出台了《废旧汽车回收法》。Moriok 等(2005)使用了两套生态效率指标对日本 Hyogo 生态城中的废旧汽车和家用电器的闭环回收系统的生态效率进行了分析，结果表明，废旧汽车回收的生态效率比传统处理方法的生态效率提高了 57%，家用电器的回收系统的生态效率也比以前的方法提高了 4%[125]。电子产品的闭环回收系统的建立使得一些可以直接或者经过简单再加工还能够使用的元件等得到再次使用，从而减少了直接进入垃圾填埋场垃圾的数量，各种原材料都能实现其最大价值，有效降低了相关的环境污染排放。可见，生态效率对整个系统的产品设计、生产技术、企业物流以及系统结构等都会产生影响。

廖文杰等(2007)引入了生态效率的概念，构建了钛白粉生产的生态效率指标。分析了钛白粉生产企业的生态效率现状，指出回收利用生产过程中的尾矿等废弃物是提高硫酸法钛白粉生产的生态效率、降低生产过程的环境负荷的重要途径之一[126]。

潘煜双、张琳郦(2008)以生态效率理论为基础，运用作业成本法和生命周期成本法分析企业产品的生命周期过程，并分析企业可能发生的七种环境成本，同时还对产品成本及各个环境成本进行回归分析，利用这个分析结果采取措施以控制企业的环境成本，减少资源耗费，达到企业生态效率目标[127]。

1.2.4.3 行业层面的应用研究

随着企业和产品生态效率评价逐渐增多，生态效率的应用从企业等微观领域逐渐扩展到中观行业层面的生态效率相对评价。从行业角度评价行业企业的生态效率有一个共同的特点就是，这些企业在原材料、生产方法、产品等方面都存在着一定的共性，引起的生态环境问题也很类似。从行业的角度考虑生态效率，不仅可以提高企业的经济绩效和环境绩效，也能够从系统角度比较不同企业间的产品、工艺流程、生产技术上的优劣，同时为各行业的可持续发展指明了方向。目前，从全球层面来看，建筑、电力、电子产品、林业、煤矿、食品和移动通讯等部门都涉及了生态效率的研究和应用。但是不同行业选择的经济指标和环境指标存在差异。

（1）采矿业：Gavin（2000）对北美的金矿开采行业过去 25～30 年的生态效率的分析表明，大部分的金矿企业的环境绩效都有所改善，但对于那些小型企业，经济和法律因素的制约成为其环境绩效进一步改善的瓶颈[128]。

Rene 提出了澳大利亚矿物加工部门生态经济效率的改进框架，总结了西澳大利亚在倡导和实施清洁生产和生态经济四个阶段的情况，分析了其实施速度慢于其他地区的原因以及自 2004 年以来状况改善的原因[129]。

Huppes 等为优化荷兰石油天然气产业的环境投资效果而开发了评价生态经济效率的量化方法[130]。

Fare 等做出了一个"弱可处置（Weak Disposability）"假设，即假设减少非期望输出一定会对其他正常产出产生影响，并将其应用于美国多个煤、油燃料发电系统生态效率的分析比较[138]。

彭毅（2011）结合煤炭行业的特点，构建了煤炭行业的生态效率评价体系，并运用 DEA 的评价方法对煤炭行业的生态效率进行了评价[131]。

（2）食品饮料业：加拿大学者开发了一种生态效率指标（EEI），试图改善食品和饮料行业在能源使用、温室气体排放、水资源利用、废水处理、固体有机废弃物和包装废弃物等生产环节产生的环境问题[132]。

（3）钢铁和铝制品业：Dahlstrom（2005）根据英国钢铁行业和铝制品行业企业的近30年的数据，计算其生态效率，研究表明，这两个行业都提高了原材料的使用效率，但这是在经济产出下降的基础上的，主要是由于金属价格下降和越来越激烈的竞争造成的[133]。

尼泊尔在钢铁工业中引进了能源利用强度、原材料消耗、水资源利用、废弃物以及 CO_2 排放等生态效率指标来优化环境和经济之间的平衡[134]。

（4）石化和造纸业：Cramer（1999）深入分析了企业实施生态效率的可能性与必要性，并以化工企业为例进行分析，指出企业是否实施生态效率实施与改善企业环境绩效的成本、环境施压者的来源以及社会对企业环境表现的关注程度密切相关[135]。

Morales（2006）运用生态效率函数对实施清洁生产的墨西哥石化企业产生的经济及生态收益进行了分析计算，该函数以原材料的使用量、产量以及残余物的量作为变量[136]。

Helminen（2000）计量了31家芬兰与37家瑞典的造纸企业在1993~1996年的生态效率，并得出结论，指出瑞典企业在生产的过程中更多地考虑环境对经济的影响，而芬兰的企业仅在在生产的几个环节考虑了环境的影响[137]。

姜孔桥等（2009）运用数据包络分析方法（DEA）对石化行业的生态效率、能源因子和环境因子进行了计算与分析，根据生态效率、能源因子和环境因子三者状态的不同组合总结了我国石化行业发展的4种模式，并选取中国石化13家具有代表性的企业进行实证分析[139]。

（5）电力和电子制造业：发电行业是一种大型的生产型企业，它对整个地区乃至国家具有非常重要的经济贡献，因此学者们纷纷开展对发电企业的生态效率进行分析。Golany（1994）、Pekka（2004）先后对以色列和欧洲的各发电企业的生态效率进行了分析[140,141]。

随着各国对电子废弃物的处理纷纷要求实施企业责任制,因此,电子类企业也都开始对企业的生态效率进行评价,以期延长产品使用时间、减少因处理电子废弃物产生对环境的压力。Stevels(1999)试图建立适合回收电子产品的生态效率计算公式,并对意大利、荷兰、瑞典旧电视回收的生态效率进行比较分析[142]。

Park(2006)评价了韩国 5 家电子企业的生态效率,提出需要简化生态效率评价过程的建议[143]。

日本在一些电子和化学产品工业中利用生态效率指标来管理 CO_2 排放研究,也取得了很好的效果[149]。

吕彬等(2010)运用生态效率分析法,对中国的电子废弃物回收体系的两种不同策略进行模拟与分析,探讨适合中国的电子废弃物回收体系[144]。

(6)其他行业:Otta(2006)在家具制造行业的生态效率评价中引入延伸供应链的概念,将生产的全部过程包括产品的使用和废弃物处置都纳入生态效率评价范围[145,146]。

由于消耗燃料所带来越来越严重的环境问题,巴西在运输行业开展了一项生态效率管理项目(EEMP),并以里约热内卢机场的地面交通现状为例,列举出四种有可能解决目前能源消耗过高问题的对策方法的优劣[147]。

Breedveld(2007)就瓷砖行业在生产过程中会造成大气污染的问题为例,用生态效率识别在不同生产技术环境绩效的优劣[148]。

在德国洗衣机行业的生态效率评价时,Radenaue 等利用生命周期成本方法来核算实际成本;采用的环境指标包括初级能量需求量、金属资源需求量、全球变暖潜力、酸化潜力、富营养化潜力、光化学臭氧产生潜力等。权重确定使用了类似于政策目标距离法的生态等级(Eco-grade)方法[155]。

何伯述等(2001、2003 和 2004)与王灵梅、张金屯、尚立虎(2002)对我国燃煤电站的生态效率许多方面进行了研究[150,151]。

王伟东(2005)通过对体育建筑生态效率的研究，结合体育建筑的特点，提出了提高体育建筑生态效率的设计策略和具体措施[152]。

赵曜等(2010)分析了我国工业人工林采伐实施生态效率评价的必要性。在借鉴其他行业生态效率评价指标体系以及计算方法的基础上，提出了适合工业人工林采伐生态效率评价的指标体系[153]。

1.2.4.4　区域层面的应用研究

无论是企业还是行业应用生态效率的目的只有一个就是鼓励企业努力改善环境绩效，提高企业的竞争力，但实际上，生态效率也符合区域、国家及全球的长期可持续发展战略。只不过从区域角度探讨生态效率的应用，不仅要考虑企业或产品的的经济效益与环境效益，还要考虑社会效益，从而实现区域的经济、社会、与环境的协调发展，进而实现可持续发展的最终目标。目前生态效率在区域尺度上的应用仍在探索中。

全球企业可持续报告行动计划(GRI)认为，作为交叉效率，在可持续发展报告的指标中生态效率应该占有重要地位。生态效率一般只考虑经济与环境的相互作用，不考虑社会发展因素。

Bratteb 认为要全面地衡量社会、经济、环境的可持续发展必须增加考虑社会因素。

Pablo 运用结构分解的方法解释了 1986～1996 年间智利经济增长中的直接物质投入[157]。

Hinterberger(2000)认为，要想提高区域竞争力，其核心必须提高区域的生态效率[158]。

Bringezu 研究了有关物质资源的使用和经济增长之间关系的经验证据，对有关资源使用中的 n 个国家的总物质需求量、26 个国家的直接物质投入以及欧盟 15 国的资源使用情况进行比较与分析[159]。

Kerr 等提出在生态景观区规划中采用参与式方法，这样能够使生态效率指标更加便利地为决策者服务[160]。

2003 年，西班牙的巴斯克地区首次对区域的生态效率进行了分析。

Olii(2007)评价了某工业共生体 1985~2005 年的生态效率，分析结果表明尽管所有的有害物质的排放并不都在减少，但是工业共生体废弃物之间相互利用的方式可以提高整个区域的生态效率[161]。

Kyounghoon Cha 等提出一种提高经济和环境效益的测量指标，该指标主要由全球变暖生态效率、清洁生产机制及产品经济效益 3 部分组成，目前很多区域都采用该方法来衡量生态效率[162]。

欧盟生命环境项目资助的"芬兰南部 Kymenlaakso 地区区域生态效率研究"项目(ECOREG)在这方面进行了探索。项目执行者认为，生态效率作为环境与经济因子的比值无法正确全面地表征区域发展的可持续性，因此尝试在地区生态效率评价中加入社会发展指标，并与环境指标、经济指标进行综合，对该工业区 2000 年的生态效率进行了定量分析，进而为芬兰其他地区生态效率评价提供了参照标准[163]。

Jill Grant 等结合再生产过程运用了工业生态学理论，提出旨在提高生态效率的工业区景观设计规划，使生态效益在生态工业园区的建设中作用更为突出。通过应用生态系统原理，企业认识到通过地址的选择和园区设计能够实现节约。但 Grant 只是提及了提高能量效率和减少废弃物产生等原则，并没有深入探讨生态效率的含义与计算方法[164]。

Seppala(2005)重点探讨了与区域生态效率有关的环境与经济指标，环境影响指标的提出建立在区域的生命周期评价分析基础上，其中包括：压力指标、影响清单指标和总体影响指标；经济指标一般包括 GDP、附加值和地区的经济产出值，这里的经济产出一般为产出的附加值加上中间消费值[165]。

而我国台湾学者通过比较某产业集群形成前、产业集群形成后和未来的理想情况(零排放)的生态效率研究后认为，产业集群的生态效率较集群前可以增加 30%~40%。单个企业和整个园区的经济绩效采用税后利润这个指标评价，环境指标则包括能源消耗、水资源消耗、原材料消耗、二氧化碳排放量和整个废弃物产生量这五个方面[166]。

在区域层面上，生态效率与循环经济之间的内在关系以及生态效率评价方法和模型的建立一直是国内学者研究生态效率的重点。如邱寿丰等(2007，2008)尝试借鉴德国环境经济账户中的生态效率指标，并根据中国的实际情况，构建了适合度量中国循环经济发展的生态经济效率指标。然后应用该指标分析中国 1990～2005 年生态效率的历史趋势，预测 2020 年我国可能的资源消耗量和污染排放量[39,40,169]。诸大建等(2005，2006，2008)运用生态效率概念揭示循环经济的本质，认为循环经济关注的目标不再是单纯的经济增长，而是生态效率的提高，并以上海和中国为例进行了初步实证研究，提出了适合中国发展循环经济的模式[168~170]。此外我国学者张妍、吴小庆、孙源远等也对生态效率与循环经济的关系作了深入的探讨[171~176]。

1.2.5　现有研究文献评述

文献研究是为后续的研究奠定理论基础。从生态效率的概念、生态效率的理论、生态效率的评价方法、生态效率的应用四个方面，系统地回顾并分析已有文献的研究成果，其中生态效率评价方法和生态效率的应用是研究的重点。通过文献研究，能够揭示生态效率概念、理论及评价方法与我们所要评价的目之间的联系。开展生态效率分析的主要目的是为了减少污染物的排放，提高资源的利用效率，促进经济的可持续发展，因此针对不同的层面在选用生态效率评价方法时，需要考虑哪些因素，如何做到准确评价生态效率，对于经济的发展和政策的制定至关重要。

根据国内外关于生态效率的研究文献，可以总结出以下几个特点：

(1)目前对生态效率的研究，国内国外已经有了一定的基础，特别是对其概念、评价、应用等领域研究较多，但对生态效率的理论研究涉及较少，尤其对于产业与区域层面的研究更少。所以一个系统的、完整的生态效率理论评价体系研究有待深入与加强。

（2）生态效率作为决策层管理的一种方法与手段，能够提高资源的使用效率，减少经济发展对生态环境的影响。但文献中对生态效率的评价方法及评价指标大多是从其定义出发来设计的，对生态效率的定量方法尚不明确，另外不同的领域生态效率方法选择的立足点也有所不同，所以在区域层面的生态效率研究中，如何设计一个多种尺度的生态效率评价方法必须考虑时间和空间的转换关系，同时还要验证生态效率评价方法的可行性与实用性，这是生态效率发展的重要方向。

（3）尽管国内外关于生态效率研究的广度和深度都在不断地扩大，但国内研究明显滞后于国外研究，且定性分析多，定量分析少，大多数文献内容注重对概念、意义等理论的阐述，而针对具体区域的定量分析相对较少，所以加强区域的生态效率研究，探索区域经济发展的规律是当前的研究重点领域。

（4）目前国内研究对生态效率在反映生态环境与经济增长的关系、揭示生态系统结构是否合理、评价某个经济主体的资源利用效率和环境产出效率、构建评价指标体系等方面均予以肯定，但尚未对区域生态系统的效率进行深入、全面和系统的研究，也没有对如何系统地构建其评价指标体系和评价方法并将其应用于区域等宏观层面的生态效率评价做出深入的研究。

因此，基于资源能源的稀缺性和环境恶化的瓶颈制约，在建设资源节约型、环境友好型社会的背景下，探求评价区域生态效率的科学方法，并运用该方法，对黑龙江省生态效率评价进行实证研究，探讨其提高生态效率的政策建议，无疑对进一步完善产业政策、促进区域经济、资源和环境的可持续发展产生积极的影响。

1.3 研究目的与意义

1.3.1 研究目的

目前对生态效率的研究，研究者虽多，但大多关注于某一具体行业的研究，对其区域生态效率的研究颇少。本书综合运用了区域经济理论、管理学理论、运筹学理论、生态学理论、资源环境经济学等众多学科中的基本理论与方法，从经济战略管理的大局出发，以实现区域经济的可持续发展为基本目标，以黑龙江省作为研究对象，在相关理论框架的基础上，借鉴国内外已有的先进成果，构建区域生态效率评价的理论逻辑框架，运用 DEA、Malmquist 等内在的逻辑方法建立生态效率评价方法体系，并运用这些方法进行实证分析。针对分析的结果提出促进区域生态效率提高的对策和建议。

1.3.2 研究意义

（1）理论意义。本书拓展生态效率研究的理论与方法体系，目前国内外对于生态效率的研究文献很多，研究的重点主要集中在生态效率评价理论和生态效率评价方法上，而理论和实践的应用主要集中在企业和行业层面。总的来说，生态效率的研究理论与方法虽很丰富，但是各种理论与方法之间缺乏紧密有机地结合，有些方法之间甚至还相互矛盾，另外研究区域层面的生态效率也鲜为人见。这一切说明生态效率还有研究的空间，生态效率研究的理论体系有待发展，生态效率研究的方法还有待完善。特别是结合我国区域的实际情况，研究区域层面生态效率的评价，理清生态效率相关理论与方法的脉络，将生态效率的各种理论与方法进行有机整合，对生态效率研究体系进行归纳、总结、扩展和完善，以期构建合理的区域生态效率评价的理论体系，为综合评价区域生态效率提供科学合理的操作思路。

（2）现实意义。本书为我国黑龙江省生态效率的提高提供了有益的参考，通过对黑龙江省的生态效率研究，可以看出黑龙江各市地的生态效率状况，从而对黑龙江各市地生态效率的改善路径具有科学的指导意义，区域生态效率的评价可以判断出区域生态所处的水平，能够揭示各区域之间存在的效率差异，促进各区域探索效率改进的思路与方法。在生态效率评价的基础上，本书还探讨黑龙江各市地的投入冗余和产出不足的情况，有利于各市地有针对性的优化资源配置，降低不必要的经济成本。各市地生态效率的改善最终会促进黑龙江省整体生态效率的提升。

此外，本书还为我国黑龙江省的节能减排工作提供了理论依据。"十二五"期间，国家将节能减排的工作落实到了各个地方，要求由地方政府转向行业和企业。因此建立区域生态效率评价的方法，为我国黑龙江省节能减排工作提供了科学合理的计量标准，也为黑龙江省各区域制定相关的节能减排政策提供理论依据。

1.4　研究内容、方法及结构

1.4.1　研究内容

本书共由八章组成，具体内容及结构安排如下：

第 1 章为绪论部分。着重介绍生态效率的研究背景、综述国内外研究动向，分析生态效率评价理论的基础框架、评价方法及应用方面的薄弱或不足之处，阐明本文的研究目的与意义、最后对整篇文章的研究思路、研究内容、研究方法及技术路线进行设定。

第 2 章为生态效率评价的理论基础分析及框架构建。界定效率、生态效率的内涵，分析生态效率与其相关概念之间的区别与联系，剖析生态效率评价的理论基础，并构建生态效率评价的理论基本框架。

第 3 章为生态效率的评价方法及评价逻辑。提出全要素和偏要素两种视角下的生态效率评价方法。在全要素视角下在引入 Kuosmanen 和 Kortelainen（2005）提出的 DEA 和 Kortelainen（2008）基于 MPI 的生态效率评价过程和思路；在偏要素视角下，提出基于 PFE 和 PFEPI 的偏要素生态效率评价方法。

第 4 章为黑龙江省生态效率评价指标体系的设计与选择。分析黑龙江省经济、资源和环境的现状，阐述生态效率评价指标所具有的特殊性，讨论生态效率评价指标设计的依据和应遵循的原则，选取黑龙江省生态效率评价指标体系。

第 5 章在全要素视角下运用 DEA 和 MPI 对黑龙江省的生态效率进行具体分析。首先运用 DEA 对黑龙江省 13 个市地的综合生态效率进行静态评价，并对 13 个市地的生态效率变化趋势进行总结和概括，然后运用 MPI 对 13 个市地的生态效率的动态变化进行深入系统的分析，以找出其发展变化的具体原因。

第 6 章在偏要素视角下运用 PFE 和 PFEPI 对黑龙江省生态效率进行分析。首先运用 PFE 来评价黑龙江省 13 个市地具体每一种投入要素的偏要素生态效率，从而找出导致每个城市或地区生态效率低下的具体直接因素，然后运用 PFEPI 来分析黑龙江省各市地全部投入要素的偏要素生态效率变化的情况。

第 7 章在对黑龙江省生态效率实证分析的基础上，提出改善黑龙江省生态效率的相关对策或建议。

第 8 章为结论与展望部分。详细总结论文理论研究和实证研究的基本结论，指出本文的创新点，并对未来有待深入研究的问题作了展望。

1.4.2 研究方法

在效率与公平理论、资源经济学理论、环境经济学理论、生态经济学理论及可持续发展经济学理论分析的基础上，对黑龙江省生态效率评价问题进行系统的研究与探索。首先通过文献查阅和整理，对相关领域进行具体的分析与总结，并对典型地区进行全面的实地调研和座谈。在此基础上，通过分析现有的生态效率评价指标与评价方法，进而建立合适的生态效率评价指标体系，梳理出科学的、合理的生态效率评价方法。然后通过实证分析与规范分析相结合、定性和定量研究相结合的方法，对黑龙江省的生态效率进行科学的评价，探讨影响黑龙江省生态效率的关键性因素，为区域经济的可持续发展提供科学的指导思路。具体的研究方法如下：

（1）文献分析方法。运用该种方法对国内外有关生态效率的相关文献资料进行分析与梳理，并得出本书研究的目的和意义。另外本书是建立在对大量的统计数据以及以往研究成果的分析基础之上，因此需要大量的资料收集与总结工作。本书的研究数据主要来源于《黑龙江省统计年鉴》以及生态效率的相关研究。

（2）定性分析与定量分析相结合的方法。定性分析侧重于经验推断和逻辑演绎，生态系统是一个非常复杂的动态复合系统，生态效率评价是一个理论性极强的问题，会涉及众多的影响因素，因此要说明生态系统的发展规律必须有一个充分合理的理论分析。定量分析通过建立数学模型进行量化计算，运用定量分析的方法，将生态效率中的变量关系数学化，并构建具有可操作性的评价模型，对生态效率进行分析、说明与评价。本书将定性分析和定量分析相结合，使论文的研究结论和判断更具有客观性和科学性。

（3）规范研究与实证研究相结合的方法。规范研究为问题的提出及评价理论框架体系的构建提供理论基础，在深入分析生态效率的内涵及其相关概念之间的关系基础之上，融合效率与公平理论、资源经济学理论、环境经济学理论、生态经济学理论、可持续发展经济学理论等多种理论，分析区域经济系统中资源、环境、经济等之间的关系，并构建了生态效率评价的逻辑框架。在此框架下本书提出生态效率评价的逻辑思路和整合评价方法，并对黑龙江省的生态效率问题进行实证研究。

（4）静态与动态分析相结合的方法。在静态描述黑龙江省生态效率的同时，注重动态地考察黑龙江省各市地之间生态效率的动态变化情况及对其黑龙江省经济增长的影响，挖掘提高区域生态效率的潜力，将对重点研究区域差异进行大量动态的解释。

1.4.3 研究结构

本书的结构框架如图1-1。

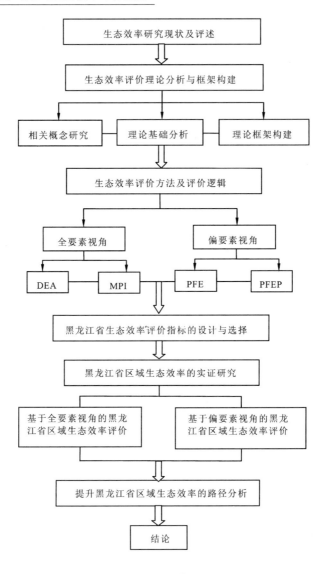

图 1-1　结构框架

Fig. 1-1　Structure of paper

2

生态效率评价理论分析
与框架构建

多年以来，生态效率一直是经济学界研究的中心话题，各国学者不断围绕生态效率进行了拓展研究。为了使本文的研究能够吸收并结合更多学者以往的学术研究成果，有必要对生态效率理论的阐述进行梳理与总结，以生态效率的相关理论分析为依据，对生态效率评价的理论框架进行分析与探讨，为后文生态效率的评价打下基础。

2.1 生态效率内涵及相关概念的分析

2.1.1 效率的内涵

效率是一个应用极为广泛的经济学范畴，可以说效率问题存在于人类活动的各个地方。在经济学文献中，效率是要研究的中心话题，效率的研究很多是从资源配置的角度来进行分析的，至于什么是效率，经济学家至今也没有一个统一的表达方式，可以说不同的角度，不同的场合，效率的内涵有着不同的表达。效率的标准含义是指资源配置实现了最大的价值。效率的核心就是节约，或者说是资源的有效利用。但是马克思认为效率的实质是劳动时间的节约，他把这种节约等同于劳动生产力[177]。熊彼特从强调资本积累、技术进步等因素来定义效率的。卡尔多则认为一种经济变化使受益者得到的利益补偿受损者的失去利益而有所剩余。希克斯认为效率的核心是社会福利的改进。新帕尔格雷夫认为效率是指资源配置效率，即在资源和技术条件限制下尽可能满足人类需要的运行状况[181]。萨缪尔森在《经济学》中将"经济效率"定义为经济在不减少一种物品生产的情况下，就不能增加另一种物品的生产时，经济的运行便是有效率的，有效率的经济位于其生产可能性边界上[182]。意大利经济学家和社会学家帕累托指出"对于某种资源的配置，如果不存在其他生产上可行的配置，使得该经济中的所有个人至少和他们的初始时情况一样良好，而且至少有一个人的情况比初始时严格地更好，那么资源配置就是最优的"。其中的"最优"一词实际上是对效率的一个定义，后来"帕累托最优"渐渐被"帕累托效率"代替，并且帕累托的这个定义得到了西方经济学界的广泛使用[183]。我国的经济学家樊刚在《公有制宏观经济理论大纲》中给经济效率下的定义是："经济效率是指社会利用现有资源进行生产所提供的效用满足的程度，因此，也可一般地称为资源的利用效率"[185]。它是需要的满足程度与所费资源的对比关系。因此，需要明确的是，它不是生产力产品的简单的数量概念，而是一个效用概念或社会福利概念。

综上所述，众多效率的表达中，生产效率是基础，是核心，尽管效率的最终表现形态却是经济效率。本文认为，效率就是一门研究在一定条件下，人们如何将有限的资源在若干种可供选择的用途上进行配置，以便最大限度地满足人类欲望的科学。这也是对效率内涵的最传统、最一般的概括。

2.1.2 生态效率的内涵

关于生态效率，其内涵的表述有很多。WBCSD（1993）在提出生态效率的定义时，提出了生态效率的七个方面的内涵：①降低资源强度；②降低能源强度；③减少有毒物质的排放；④加强各种物质的回收；⑤最大限度地使用可再生资源；⑥延长产品使用寿命；⑦提高服务强度。他们在 2000 年进一步明确上述生态效率七个方面的内涵是为了帮助实现三大目标：①减少资源消耗，如减少能源、材料、水与土地消耗，加强产品循环性和耐用性，封闭物质循环。②减少对自然环境的影响，如减少空气排放、废弃物处置与有毒物质的扩散 ③增加产品或服务价值，如通过产品适应性、功能性和模块性，提供附加服务和加强销售顾客真正需要的功能，向顾客提供更多的利益[186]。

Hertwich(1997)在上面七个内涵的基础上给生态效率的内涵精简为五个方面：污染预防、清洁技术、为环境设计、闭环系统以及环境管理系统。其中污染预防主要指通过技术改进降低在生产过程中以及产品本身的污染，清洁技术是通过开发新的内部清洁的生产技术，与传统的末端治理技术形成鲜明对比。为环境设计是一种包括多种环境友好行为的概念，目前应用较多的是提倡通过设计，延长产品的使用时间，并使其易于拆卸、回收及有效部件的再次利用。闭环系统与传统的线性经济发展模式不同，将整个经济系统建成废弃物回收再利用的循环系统。环境管理系统的建立可以有效地对经济系统的环境行为进行监管，制定相关制度，使系统实现良好的经济和环境绩效[187]。

本书认为生态效率的内涵是经济增长和物质减量化的同时实现，其实质是实现经济的可持续发展，即实现经济和环境的双赢。可以这么说，生态效率发展的最终目标就是在保持环境和自然资源质量及其所提供的支持能力的前提下，使经济最大限度的发展。生态效率作为政府及相关决策者的管理工具，有其自己的优越性。首先，生态效率把环境因素看做是生态经济系统投入成本的一部分，把资源能源和污染物的排放都作为成本因素，重点考虑经济发展过程中的环境代价，认为环境作为资源它的利用是有限的，符合经济学中稀缺资源配置的理论。其次，生态效率强调资源效率的提高，在工业化的150多年中，科学技术、资本生产率以及劳动生产率都有了几十倍甚至几百倍的提高，但对自然资源与环境资源的利用效率却提高很慢。因此，提高资源生产率是实现可持续发展的唯一途径。所以生态效率的实质和目标是一致的，实现经济与环境的可持续发展。

2.1.3 生态效率与相关概念之间的关系分析

2.1.3.1 生态效率与物质减量化

物质减量化是指经济产出所需消耗的物质绝对减量与相对减量。绝对减量是指经济在不断增长的同时，物质消耗总量和污染物排放总量逐渐减少，二者之间耦合关系破裂；而相对减量是指在物质消耗总量和污染物排放总量的增长速率低于经济增长速率，且在此时间段内，二者依然存在着一定的耦合关系[188,189]。关系可以用图来2-1表示。

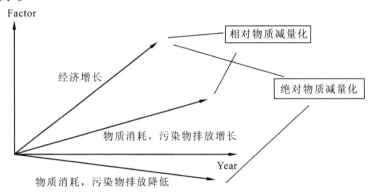

图 2-1 相对物质减量化与绝对物质减量化

Fig. 2-1 Relative andabsolute Dematerialization

不论是绝对减量还是相对减量，都说明了资源消耗与经济发展呈负相关，符合一贯提出的可持续发展要求。我国是资源大国，石油、煤炭、矿物等资源非常丰富，但是由于人口众多，人均资源拥有量远少于世界平均水平，再加上我国是新兴市场国家，经济发展非常迅速，导致了经济发展与资源环境约束的矛盾越来越突出，因此物质减量化正好是化解这一矛盾的根本，减少物质向经济系统的投入，也减少经济系统的废弃物向自然生态系统的排出，缓解资源不足和环境污染的双重矛盾。

而生态效率的主要目标就是强调降低资源消耗，提高资源利用效率，减少经济发展对环境的影响，提高产品或服务价值，从而尽可能降低物质与资源使用量。这与物质减量化的目标在本质上是一致的。因此生态效率与物质减量化的关系是非常密切的。

首先生态效率是物质减量化的目标。以资源利用效率最大化为目标，要求通过发展物质减量化和再资源化技术，提高物质、产品之间的转化效率，提升资源利用效率，降低输入和输出经济系统的物质流；以物质循环利用率最大化为目标，强调构筑从废弃物到再生资源的反馈式流程，形成共享资源和互换副产品的产业（企业）共生组合，建立"经济食物链"和循环链，通过系统内部相互关联、彼此叠加的物质流转换和能量流循环，最大限度利用进入系统的物质和能量，降低对自然资源和环境的影响[190]。

其次物质减量化是提高生态效率的有效手段。生态工业中物质减量化的概念是指通过小型化、轻型化、使用循环材料和部件以提高产品寿命，在相同或者甚至更少的物质基础上获取最大的产品和服务，或者在获取相同的产品和服务功能时，实现物质和能量的投入最小化，这实际上就是生态效率最大化，在经济运行的输入端最大限度地减少对资源开采和利用，尽可能多地开发利用替代性的可再生资源，减少进入生产和消费过程的物质流和能源流，以不断提高资源生产率和能源利用效率。

2.1.3.2　生态效率与循环经济

最早提出循环经济一词是美国的经济学家肯尼思·波尔丁，他指出在资源投入、企业生产和废弃物排放的整个过程中，必须摒弃传统的依赖资源消耗的线性增长经济模式，依靠生态型资源循环来大力发展经济[192]。循环经济本质上是一种生态经济[193]，它把清洁生产和废弃物的综合利用融为一体，运用生态学规律来指导人类的经济活动，以节约资源和保护环境为主题，是一种低投入、低排放和高利用的先进经济形态，在经济运行中，它要求必须遵循3R原则，即减量化、再利用、再循环的行为原则[194]。

生态效率与循环经济在很多方面存在共性。首先生态效率与循环经济在内涵上的一致性，生态效率的内涵兼顾经济与生态两方面效益之意，它以低投入、低排放和高产出的理念为基础，为社会创造更多的价值，它强调的是资源环境生产率而不是劳动生产率。这种理念不论企业、区域还是国家同样适用，它意味着生产方式和发展模式的根本性转变，从而促进社会经济与自然环境的可持续发展。显然，生态效率的基本内涵与循环经济的核心内涵在本质上是一致的[195]。循环经济倡导尊重生态规律和经济规律，在"资源—生产—再生资源"物质循环模式下发展经济。循环经济同样强调关注资源生产率而不是劳动生产率。从某种程度上说，生态效率理念加强了我们对循环经济的认识。同时也说明了我们在发展循环经济时，应以提高生态效率为核心。其次生态效率与循环经济在根本目的上的一致性，生态效率与循环经济都是人类探索可持续发展实现途径的产物。生态效率与循环经济的根本目的都在于促进人类社会的可持续发展，从源头开始全过程、多层次、多途径地减少资源能源消耗和污染排放，使资源得到合理、高效和持久的利用，将经济活动对自然环境的影响降低到尽可能小的程度，彻底改变以大量生产、大量消费和大量废弃为特征的传统线性经济增长模式[196]。生态效率针对可持续发展三个维度中的经济和环境两个方面，在最优的经济目标和最优的环境目标之间建立一种最佳链接，实现经济与环境的双赢，而不涉及社会可持续发展，这与循环经济的二维定位是一致的，只不过，生态效率最初主要针对企业，旨在引导企业从生态环境保护出发，来提高经营绩效与竞争优势，推动企业走向可持续发展，这与生态效率主要由 WBCSD 推动是相关的，但从其发展趋势来看，生态效率开始面向区域和国家层面，其涵盖的范围与循环经济逐步趋同。这与循环经济按照 3R 操作原则的目标是一致的。

当然生态效率与循环经济之间也有区别。两者之间的主要差别在于切入的角度不同。生态效率强调经济上的效率，同时兼顾环境效益，而循环经济首先强调环境效益，同时考虑经济效益，在实践操作中，其优先性或有不同，但是两者的最终目的都是为了实现经济与环境的双赢[197]。此外，生态效率是经济效率与环境效率的有机整合，是社会在经济发展过程中产生的一种效率上的革命，而循环经济是实现可持续发展战略的一种经济发展方式，是对传统线性经济增长模式的根本性变革。可以说，循环经济是提高生态效率的一种途径或方式。

2.1.3.3 生态效率与经济增长

生态效率对经济增长有非常重要的影响，这已为各国学者所公认。生态效率对经济增长的促进作用毫无争议，越来越多的研究表明生态效率的提高在促进经济增长的同时，也可能会导致环境污染的减少，这就是由于技术进步所带来的生态效率与经济增长之间的回弹效应。生态效率的提高，意味着一定的资源投入可以带来更大的产出，因此生态效率的提高会带来生产成本和产品价格的降低，这会刺激社会对产品需求的增加，产品需求的增加又反过来产生新的资源需求，从而导致资源消费量的增加，这就是生态效率对资源消费的间接反弹效应。

实际上，由经济增长函数 $Y = Af(L, K, N)$ 可以看出在经济增长的过程中存在三种效率，即劳动效率、资本效率和生态效率。用 C—D(Cobb—Douglas)生产函数形式对经济增长的影响因素进行具体分析[199]，其表达式为：

$$Y = AL^a K^b N^c \tag{2-1}$$

其中：Y—经济增长(产出)；A—技术水平；L—劳动投入；N—资源投入；a、b、c 分别为 L、K、N 的弹性系数。经过取对数，求导得到：

$$\frac{\alpha \frac{\Delta L}{L}}{\frac{\Delta Y}{Y}} + \frac{\beta \frac{\Delta K}{K}}{\frac{\Delta Y}{Y}} + \frac{\gamma \frac{\Delta N}{N}}{\frac{\Delta Y}{Y}} = 1 \tag{2-2}$$

$$\delta_L + \delta_K + \delta_N = 1 \tag{2-3}$$

即：劳动效率、资本效率、生态效率的三者之和等于1。

可以看出：在经济增长的过程中生态效率与劳动效率、资本效率一样有着非常显著的贡献。在传统的经济发展模式中，生态效率没有最大化，因此，提高生态效率对实现经济的可持续增长的贡献还有很大潜力。

传统的经济发展模式是在工业革命以来所形成的发展观范式主导下的发展模式，以追求单一的经济效率为最高目标，生产过程中所排放的废弃物允许并承担较低的处理成本[200]。显然，这种发展模式不能有效引导稀缺资源的有效利用与回收。因此我国目前的现实情况需要在经济增长速度与资源消耗速度的"脱钩"，最大限度利用进入生态系统的物质与能量，提高资源利用效率，减少污染物的排放，提升经济运行质量和效益。而生态效率也是实现这种目标的途径，生态效率与各种环境管理理念在本质上是相通的，而且凌驾于各种环境管理理念之上，是实现可持续发展的一个整合性理念，体现了经济和环境的双赢。

2.1.3.4 生态效率与环境负荷

从生态效率的内涵和本质可知，它既是一种战略，又是一种衡量经济、资源及环境之间关系的指标体系。但这种指标体系自身并不能完全反映经济活动，必须借助其他相关指标共同来衡量资源使用与经济发展的关系[198]。因此，生态经济系统要达到最佳的生态效率必然考虑环境状况与经济发展之间的关系，从理论上探讨经济、资源与环境系统之间的关系规律才更有意义。本文运用经济和环境关系的IPAT方程，来阐述生态效率与环境负荷的关系。该模型一直被广泛地用于分析人口对环境的影响，现在仍可以用于分析环境变化的决定因素。

（1）自然资源生产率（生态效率）：生态效率的最早提法是自然资源生产率，自然资源生产率 E 是经济社会发展的价值量（即 GDP总量）和自然资源 N（包括能量物质资源与生态环境资源）消耗的实物量比值[192]。

$$E = \frac{GDP}{N} \tag{2-4}$$

根据(2-4)式,可以进一步给出能量物质资源生产率相关指标:单位能耗的 GDP(能源生产率)、单位土地的 GDP(土地生产率)、单位水耗的 GDP(水生产率)和单位物耗的 GDP(物质生产率);生态环境资源生产率相关指标:单位废水的 GDP(废水排放生产率)、单位废气的 GDP(废气排放生产率)和单位固废的 GDP(固废排放生产率)。通过这些指标可具体计算出一个国家或地区的自然资源生产率。

(2)IPAT 方程:1971 年美国斯坦福大学的著名人口学家埃利希(Paul R. Ehrlich)教授提出环境控制方程,它是一个关于环境冲击(I)与人口(P)、富裕度(A)和技术(T)三因素间的恒等式[199]:

$$I = P \times A \times T \tag{2-5}$$

式中:I——Impact,以环境指标表示,如资源、能源、消耗、废弃物排放等;

P——Population,人口,以人数表示;

A——Amuence,富裕度,以人均年 GDP 表示,即 $A = GDP/P$;

T——Technology,技术,以单位 GDP 形成的环境指标表示,即 $T = I/GDP$;

等式左边的 I 也可以用其他指标表示,例如 CO_2、排放量、物质消耗总量等。

如果以 E 表示自然资源生产率,可以看出,E 与 T 是倒数关系。则 IPAT 方程式可以表示为:

$$I = \frac{P \times A}{E} \tag{2-6}$$

由上式可知,生态效率 E 与环境负荷 I 之间的关系呈反比:生态效率提高,则意味着环境负荷的降低;反之,如果生态效率降低,则意味着环境负荷的加重。

2.1.3.5 生态效率与能源效率

经历 20 世纪 70 年代的石油危机后,能源效率逐渐成为学术界的研究热点。但具体什么是能源效率，理论界和实践界众说纷纭，至今没有一个统一的标准的定义。但对以往概念和定义进行归纳和总结可以得出能源效率的一般定义，即给定资源投入的前提下，实现最大经济产出和最小环境影响的能力；或者是给定经济产出的条件下，实现资源投入以及环境影响最小化的能力。可见能源效率的提高是实现可持续发展的一个重要途径，也是解决我国能源与环境问题的根本途径，能源效率的本质和核心就在于实现低投入高产出的经济增长，即保证社会产出不变的同时，减少能源消耗，或能源投入一定的情况下，创造更大的社会产出。

因此，生态效率和能源效率存在一些相似的地方：首先生态效率和能源效率概念的产生有着共同的背景，即都为解决社会经济发展所带来的资源枯竭和环境污染问题而产生的；其次，生态效率和能源效率的本质都是可持续发展理论在实践层面的延伸，并都具有一定的可操作性，从一定意义上来说，生态效率和能源效率都是可持续发展水平的现实测度；再次，生态效率和能源效率的内涵都是对技术效率的衡量，即一定投入条件下所能实现的最大产出，或者一定产出水平下需要的最小投入；最后，生态效率和能源效率的应用领域大致相同。目前的研究中，能源效率和生态效率都已被应用于微观、中观及宏观等层面[201~204]。

此外，生态效率和能源效率也存在两点不同：第一，从投入角度来看，生态效率侧重自然资源的投入，即消耗的自然资源实物量，而能源效率的投入不仅包括自然资源，还包括劳动力等社会经济资源。因此，投入角度的能源效率尺度要大于生态效率。第二，从产出角度来看，生态效率和能源效率对正面产出（产品和服务）的界定是一致的，区别在于能源效率的负面产出是环境污染，而生态效率的负面产出是从生态承载力角度考虑的生态影响。从生态承载力角度考虑的生态影响包括两层意思，一是生态影响是个较为广泛的概念，不仅包括了环境污染、资源耗竭以及生态破坏等直接的影响，还隐含着生态失衡这一间接的影响；二是对生态影响的衡量有一个

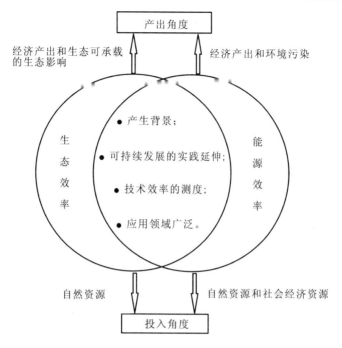

图 2-2 生态效率与能源效率的异同

Fig. 2-2 Difference between the eco-efficiency and energy efficiency

界限，即生态承载力，如果超过生态承载力，这种影响就是不可逆的[205]。因此，产出角度的生态效率内涵要大于能源效率。生态效率和能源效率的异同如图 2-2。

2.1.3.6 生态效率与帕累托效率

帕累托效率（Pareto Efficieney），也叫帕累托最优（Pareto Optimality），由意大利经济学家 Pareto 于 1906 年在《政治经济学讲义》一书中首先提出了生产资源的最优配置和产品的最优分配问题。帕累托最优指的是这样一种情况：资源配置已达到这样一种境地，无论作任何改变都不可能使一部分人受益而没有其他的人受损，也就是说，当经济运行达到了高效率时，一部分人处境改善必须以另一些人处境恶化为代价[206]。帕累托效率既是一种衡量社会经济资源配置的标准，也是一种衡量社会经济福利的标准。其基本思想在于将组织效率的评价与组织中个体的福利有机联合，并将个体福利的改进与否作为组织有无效率的评价标准。根据其定义，如果一种变动在使一个个体福利增加的同时并没有减少其他个体的福利，这种变动就是有效率的，反之则为无效。

从生态效率的角度来诠释帕累托效率，就是如果特定企业、区域或国家的经济活动在不减少他人福利和不增加生产要素投入的前提下增加了经济产出，这种经济活动本身就是有效率的。

从上述分析我们还可以看出，生态效率与帕累托效率最本质的区别在于两者的出发点不同，帕累托效率虽然是效率学说，但更是"效率"和"公平"的完美结合，它更加适合完全竞争的市场，从某种程度上来说，帕累托效率的前提就是公平思想，公平是指经济活动不能以减少组织中成员的福利为代价，福利包含了组织成员的经济福利、资源环境福利等各方面；而生态效率的出发点则是效率思想，虽然包含着对环境污染考量的公平思想，即环境污染会造成环境质量的降低，从而导致组织成员福利的减少，但这种环境质量的福利相对帕累托效率的福利来说具有一定的片面性，因此生态效率的公平存在很大的局限性。但同时，帕累托效率的本质也是对资源利用效率的考量，即不能通过增加生产资源的消耗来增加经济产出，这一点与生态效率是相同的[207]。生态效率与帕累托效率的异同如图2-3。

值得注意的是，帕累托效率以"经济人"假设为基础，效率的本质决定了其对利益最大化追求的实质，因此，帕累托效率也只是相对的公平。另外，由于福利是很难量化表示的，因此帕累托效率较难在实践中进行操作和应用。

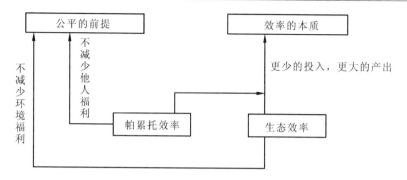

图2-3 生态效率与帕累托效率的异同

Fig. 2-3 Difference between the eco-efficiency and Pareto efficiency

2.2 生态效率评价的理论基础分析

2.2.1 效率与公平理论

经济学研究的核心内容是利用稀缺的资源创造有价值的成果并进行合理有效地分配，利用稀缺的资源创造有价值的成果映射出效率的本质，成果的合理有效分配体现出公平的内涵，因此要做好高效利用资源和合理分配有价值的成果就需要做好效率与公平的问题。但是效率与公平之间是有本质差异的，如果一味地追求效率，可能有失公平，如果一味地追求公平，可能牺牲效率。公平与效率的关系是社会面临的一个重大经济问题，它对经济和社会的发展都会产生重大的影响，所以要解决经济问题，最基本的就是做好效率与公平的抉择问题。

效率与公平，实际上就好比做蛋糕与切蛋糕的关系，在蛋糕做得最大同时又要切得人人满意。说白了，就是做好效率与公平的关系。但是两者之间是很难做到的，针对这一情况西方经济学者给出各种不同的答案，总结起来主要有三种观点。

第一，效率优先论，这是新自由主义思想的核心，其目的是宣扬市场机制在资源配置中的积极作用，认为自由决策权和自由财产权是保证市场经济正常运行、实现资源最佳配置效率的首要前提，认为政府干预会对效率造成损害，扭曲资源配置机制的作用，严重影响市场经济效率的获得。主张效率优先论的代表人物有弗里德曼（M. Friedman）、哈耶克（F. A. Hayek）、罗宾斯（L. Robbins）、科斯（R. Coase）等[208]。

第二，公平优先论，这是国家干预主义学说的基石，代表者认为在社会的各层面进行制度建构时，应以公平为先，只有实现了社会的公平，才有可能最大限度地提升整个社会的效率。主张公平优先论主要代表人物有罗尔斯（J. Rawls）、勒纳（A. P. Lerner）、米里斯（J. A. Mirlees）、琼·罗宾逊（Joan Robinson）等[209]。

第三，效率与公平兼顾论，即效率与公平同等重要，要在公平与效率之间寻求一种平衡，公平所代表的是一种社会的、政治的权利和游戏规则，而效率所代表的是一种市场的、经济的权利和游戏规则。过于强调任何一方，都有损于社会的全面发展。持这种观点的代表人物有萨缪尔森（P. A. Samuelson）、凯恩斯（J. K. Keynes）、布坎南（J. M. Buchanan）和奥肯（Arthur Okun）等[210,211]。

关于生态效率的内涵体现了哪一种观点，很多学者认为生态效率体现了"效率优先论"的思想，并在区域经济发展领域得到了很好的诠释，因此在追求效率的同时忽视了经济发展对公平的损害，而资源消耗所带来的生态环境问题已经成为我国可持续发展的障碍，这也就体现了不公平的一面。从另一方面来说，由于"公平优先论"在面对经济发展的瓶颈问题时表现出的束手无策，片面地强调公平不符合我国当前的国情。基于"效率与公平兼顾论"，本研究认为生态效率的应用应当体现出效率和公平的一致性：生态效率的提升在促进经济增长的同时也减少了资源的利用和污染的排放，从而在一定程度上保障了公平；注重资源浪费和环境污染的不公平也能促使人们更多地考虑如何在保障经济增长的前提下提高能源的利用效率，从而实现经济增长的良性转变。

2.2.2　资源经济学理论

资源经济学是经济学与资源科学的交叉学科，形成于 20 世纪 20 年代末 30 年代初，资源经济学是研究开发可再生资源与不可再生资源的最佳途径及其有效利用的一门学科，挖掘自然资源与经济发展之间相互关系及其内在规律，诠释客观经济规律对自然资源的内在影响，探索社会经济资源系统与自然生态系统合理配置和协调发展的规律性，以提高整体的经济效益、生态效益和社会效益。目的在于阐明自然资源对经济发展的重要作用，合理调节人与自然之间的资源分配，揭示资源供求平衡和物质循环的规律，实现资源开发和利用的最优配置，促进社会经济的可持续协调发展[212]。

资源经济学的研究内容广泛，包括资源开发模式、资源的价值和价格、自然资源承载力、资源经济核算体系、资源管理政策、资源的优化使用、资源配置决策的收入分配效果、资源经济信息等诸多问题。但是研究核心是稀缺性资源的合理配置与效率问题，通过分析资源在经济社会发展过程中的优化配置问题，为管理决策者提出相关政策建议。

生态效率理论关注在生态环境承载力的阈值之内，经济行为主体在利用自然资源，获取最大经济效益的同时，如何做到把对生态环境的负面影响降到最低。这与资源经济学理论中的资源效率至上论在逻辑上具有内在的一致性。根据物质与能量转换规律，社会在发展经济的过程中，所消耗的资源的物质和能量不可避免会产生非期望产出—废弃物。废弃物是资源投入量与产品产出量在物质与能量上的差额，是生产过程中资源利用所产生的未转化为产品的那一部分剩余，即物料流失[213]。如果这些废弃物排入我们生存的环境中，必然带来严重的生态环境问题，并且造成自然资源的低效利用和巨大浪费。从资源经济学实践的角度看，废弃物本身就是某种物质和能量的载体，是特殊的二次资源，通过再循环利用，可以再次成为可利用的资源。通过这种再循环利用也是实现废弃物资源化的有效途径，解决当代资源匮乏和环境污染问题，实现社会经济环境效益的可靠保证。资源利用效率得到提高的同时，生态效率也相应地得到了提高。因此，资源经济学理论是生态效率评价理论的基础。

2.2.3 环境经济学理论

环境经济学是经济学与环境科学的交叉学科，形成于20世纪50~60年代之间，环境经济学是研究环境保护与经济发展之间相互关系，探索合理调节人类社会经济活动和环境之间物质交换的基本规律，分析运用经济和环境学科的原理和方法，揭示经济发展与环境保护之间的矛盾，目的是在生态环境承载力范围内改变经济发展方式，使经济活动以最小的环境代价取得最佳的经济效益和社会环境效益，并且使经济科学研究符合自然生态平衡的规律，实现经济与社会环境的可持续发展[214]。

环境经济学的研究内容包括环境经济理论、环境价值核算、环境影响的经济评价、环境投融资、环境经济政策、国际贸易与环境等方面。环境经济学主要研究经济活动与环境保护之间的对立与统一关系。环境经济学是在外部性理论、公共物品理论及科斯定理与产权理论的指导下研究经济发展与生态环境问题的。其中外部性理论是研究生态环境保护补偿机制的一种非常有效的经济理论。公共物品理论认为，生态环境具有公共物品属性，容易被过度使用。对生态环境的保护可以参照对公共物品的管理措施，在政府管制和政府买单的基础上，加强制度的创新。科斯定理与产权理论意在强调产权的界定和保护是解决外部性问题的关键。资源环境问题产生的主要原因是其产权界定十分困难，从而无法形成对经济主体的有效约束。环境经济学也研究如何运用经济手段和方法来进行环境管理。它通过税收、财政、信贷等经济杠杆，调节经济活动与环境保护之间关系，污染者与受污染者之间关系。采用征收资源税、排污收费、事故性排污罚款以及实行奖励废弃物综合利用与提供贷款等优惠政策。

生态效率和环境经济学理论的目的是相同的，在实践操作上，通过评价生态效率，可以找出不足之处，而在此基础上反馈得到的改进策略以及政府制定的政策措施，反过来又促使生态效率的提高，同时使经济与资源和环境三者之间协调发展。提高宏观层面生态效率的政策措施，同时也能够促进经济的增长。

2.2.4　生态经济学理论

生态经济学是经济学与生态学的交叉学科，兴起于 20 世纪 50 年代末 60 年代初。生态经济学是以人类经济活动为中心，采用系统工程的方法，研究经济系统与生态系统之间物质循环、能量流动、信息传递、价值转移和增值的一般规律及其应用的科学。生态经济学的内涵旨在保障生态系统与经济发展的共存，要求以经济发展为主导、生态存在为基础，探索生态平衡和经济、社会、生态效益的有机统一。目的在于整合生态与经济系统，揭示自然和社会之间的本质联系和规律，在生态系统承载力范围内，改变生产与消费方式，高效合理利用一切可用资源，实现自然生态与人类生态的高度统一与可持续发展[215]。

生态经济学的研究内容主要包括生态系统与经济系统各自的基本特征、生态经济系统的区域性结构问题、生态经济系统的综合功能和整体运动问题、生态经济学的发展历史及其实用问题、生态经济系统的平衡与效益问题、生态经济系统的调控问题等。生态经济学既研究生产要素及生态平衡对经济发展的促进和制约，又研究经济技术要素的运动作用对生态平衡的影响。如何实现生态系统与经济系统协调发展，达到生态与经济的平衡，实现生态经济效益，是生态经济学的核心问题。具有了生态经济效益，也就实现了生态经济的相对平衡。

生态经济学理论为生态效率的评价与应用指明了方向。首先，生态经济学要求资源环境利用具有时间维度上的持续性，保障当代人和后代人之间享用权利和资源的均等性。其次，生态经济学要求资源环境利用具有空间维度上的持续性，要求区域之间实现资源环境的共享和共建，实现协调发展。最后，生态经济学要求资源环境利用具有高效性，以最小的资源环境代价获取最大的经济、社会和环境效益，保障经济系统和生态系统的协调可持续发展。

生态经济学要求经济行为主体尊重生态原理和经济规律，把人类经济社会与其依托的生态环境作为一个有机的生态经济复合体，使得经济社会与生态环境全面协调发展，实现生态经济的最优目标。生态效率是以生态经济学理论的生态经济复合体全面协调发展为理论基础，以经济行为主体的产品或服务的价值对环境造成的影响之比为定义，通过评价生态效率，改进不协调之处以促进经济社会和生态环境的可持续发展。

2.2.5 可持续发展经济学理论

可持续发展是 20 世纪 80 年代人类在全面总结自己的发展历程，重新审视自己的社会经济行为后，提出的一种全新的发展思想和发展模式。1987 年，联合国与发展委员会公布了题为《我们共同的未来》的报告。报告提出了可持续发展的战略，标志着一种新发展观的诞生。报告把可持续发展定义为"持续发展是在满足当代人需要的同时，不损害人类后代满足其自身需要的能力"。其核心思想是既满足当代人的需要，又不对后代人满足其需要的能力构成危害的发展，既满足本区域发展的需要，又不对其他区域的发展构成危害，使人类能够持续、健康地发展下去。基本内容包括四个方面：社会发展、自然资源的永续、生态环境的维持和人口发展。

可持续发展强调社会、经济、环境的协调发展，追求人与自然、人与人之间的和谐，是人类对工业文明进程进行反思的结果，是人类为了克服一系列环境、经济和社会问题，特别是全球性的环境污染和广泛的生态破坏，以及它们之间关系失衡所做出的理性选择。

可持续发展战略的目的，是要使社会具有可持续发展能力，使人类在地球上世世代代能够生活下去。人与环境的和谐共存，是可持续发展的基本模式。自然系统是一个生命支持系统。如果它失去稳定，一切生物（包括人类）都不能生存。自然资源的可持续利用，是实现可持续发展的基本条件。因此，对资源的节约，就成为可持续发展的一个基本要求。它要求在生产和经济活动中对非再生资源的开发和使用要有节制，对可再生资源的开发速度也应保持在它的再生速率的限度以内。应通过提高资源的利用效率来解决经济增长的问题[216]。

传统的经济发展模式是以对自然资源的挥霍浪费和生态环境的污染为前提的，这种模式下的经济增长必然是不可持续的。它必然导致资源的浪费和短缺、资源消耗的不合理和不平衡等问题。为了经济的可持续发展，我们必须改变传统的经济发展模式，放弃传统的高消耗、高增长、高污染的粗放型生产方式，建立经济与环境二者统一的生态经济发展模式，提高生产效率，改变生活方式，达到最有效地利用资源，实现资源的最低消耗，在生产过程中要尽可能地少投入多产出，在消费时要尽可能地多利用少浪费，以保持资源的永续利用。在生态系统在相互协调的情况下使物质、能量、信息的交换达到最佳效果，并使其结构和功能保持良好状态，这是可持续发展对生态系统的要求。

可持续发展思想的基本内涵从伦理角度强调时间上的代际公平和空间上的区际公平，其观念中渗透着发展权利的平等。人类社会的可持续发展只能以生态环境和自然资源的持久、稳定的支承能力为基础，从时间上和空间上体现公平，在观念上和实践中展示发展权利的平等，环境问题也才能在经济的可持续发展中得到解决。

"生态效率是通过提供能满足人类需要和提高生活质量的竞争性定价商品与服务，同时使整个生命周期的生态影响和资源强度逐渐降低，直到一个至少与地球的估计承载力一致的水平来实现的，并同时达到环境与社会发展的目标。"生态效率的基本观念与可持续发展理论的四个基本内涵是一致的。生态效率的基本观念与可持续发展理论均以降低资源强度、保护自然环境为基础，强调经济发展与资源生态环境的承载能力相协调，目的是使经济社会生态环境复合系统协调发展，从长期来说，这就是可持续发展理论要解决的资源的代际有效配置问题，体现了发展的公平和权利。因此可持续发展经济学理论也是生态经济效率理论的基础之一。

2.3 生态效率评价基本理论框架体系的构建

评价的具体过程是非常复杂的，评价的最终目的是把主体需要与客体属性之间的价值关系，反映到主体意识中来，以形成价值观念，其本质是一个处理和判断的过程。关于什么是评价，众说纷纭。美国学者 Bloom 认为，评价就是对一定的想法、方法和材料等做出的价值判断的过程。它是一个运用标准对事物的准确性、实效性、经济性以及满意度等方面进行评估的过程。Michael Scriven（1991）认为，评价是一个确定评价对象价值的过程。Preskill 和 Torres（1999）从组织学习的角度，提出评价活动总是从某种程度上影响了组织的目标、学习和变革，提出评价是一个对组织内存在的关键问题持续不断的调查分析的过程。实际上评价就是评价主体对评价客体的各个方面，根据评价指标进行量化和非量化的测量，最终得出一个可靠的并且逻辑的结论的过程。然而，无论评价如何界定，任何一项评价活动都涉及这四个关键性问题：为什么评价？谁来评价？评价谁？如何评价？这四个问题构成了评价的四个最基本的要素：评价目标、评价主体、评价客体和评价指标。除了这四个最基本的要素外还有评价方法与评价标准两个要素。这六个要素共同组成一个完整的生态效率评价体系，它们之间相互联系，相互影响。其中，评价目标是整个生态效率评价系统的中枢，没有明确的目标，生态效率评价也就失去了意义。评价主体是进行评价活动的主体，评价主体不同将直接导致评价目的和价值取向不同。评价客体是评价活动作用的载体，客体的性质及特点直接决定着评价指标体系和评价方法的确立。评价标准能够具体将评价对象的好坏、优劣等特征通过量化的方式进行量度。评价目标、评价主体、评价客体和评价指标、评价方法和评价标准这六个方面共同决定了生态效率的评价要素，形成了生态效率评价的基础理论框架。

2.3.1 生态效率评价主体

评价主体就是评价者，是发动和进行评价活动的人或机构。价值观和价值取向是评价主体的根本属性，因此，评价主体是在一定的价值观念指导下从事评价活动的人或机构。评价主体不同将直接导致评价目的和价值取向不同。本文属于区域生态效率评价的研究，因此评价主体代表国家或政府职能部门机构，代表决策者和管理者的利益，属于决策者评价。考察在既定的条件下，是否实现产出最大化，或者成本最小化，同时还考查政策支持的有效性、金融支持的有效性以及对可持续发展能力的考核等。

2.3.2 生态效率评价客体

评价客体是指实施评价行为的客体。任何客体都是相对于确定的主体而言的，它由主体的需要而决定。生态效率的度量从微观层面逐渐过渡到中观和宏观层面，其评价客体之广泛，不仅能对企业、产品或服务、行业进行评价还能对产业及区域的可持续发展水平进行生态评价，贯穿微观、中观和宏观的各个层面。并且是对经济、环境和社会等各个方面进行综合的评价与评判，从而为评价客体在整个生命周期内的生态效率的动态监测奠定基础，为经济的可持续发展提供有益的参考。本文的研究范围仅限于区域生态效率的研究，所以生态效率评价的客体仅指区域经济的可持续发展水平，它集经济、资源与区域环境相互作用而形成的一个耦合系统。

2.3.3 生态效率评价目标

区域生态效率的评价目的是提高资源的利用效率，减少废弃物的排放，实现区域经济的可持续发展。生态效率评价目的是区域生态效率评价系统运行的指南和目的，它既要服从和服务于区域经济发展的目标，又要服从和服务于区域的环境效益目标。具体要达到以下具体目标：

（1）了解黑龙江省生态效率的基本状况。通过对黑龙江省区域生态效率的评价，反映区域生态效率的运行状况，判断和测度区域生态效率的发展水平、有利条件和不利条件，为各级政府、有关部门、企业和公众了解区域生态效率现状提供科学的判断依据。

（2）监测黑龙江省生态效率状态的变化趋势。通过对黑龙江省较长时间的连续性的区域生态效率评价，全面系统地反映区域生态效率各方面状态的变化趋势。通过评价寻找出不同区域之间效率存在差异的深层次的原因，找出不利的因素，形成相关政策信息，使其能够成为政府及相关决策者制定和实施相关政策的科学依据，及时解决和扭转不利的趋势，使其回归到良性发展的轨道。

（3）为政府及管理者的决策提供依据。对于区域来讲，要达到既定的生态目标，其投入的资源量，特别是不可再生资源的投入量，产出端的废弃物排放量，必须在一个正常的合理的运行区间，即生态效率必须达到一个合理的标准，否则生态环境、经济发展之间就会受到严重的影响。所以必须设立一个最低的生态效率标准，以便及时的干预与调控，使经济、环境及社会在安全区间内良好运行。

（4）有利于提出改善措施。生态效率与经济结构、生产方式以及技术进步等要素总是有密切的关系，且生态效率分项指标含义明确，便于找出发展的薄弱环节及制约因素，从而有针对性地提出改进措施和建议，有利于区域经济的良性发展。

2.3.4 生态效率评价指标

评价指标是对评价客体的哪些方面进行具体的评价，它是生态效率计算的基础，也是生态效率评价模型中的参数变量。所以，生态效率指标的选择是生态效率研究的一个重要组成部分。目前关于生态效率指标的确立，不同的国家或组织给出了不同的生态效率标准（见第一章论述）。我国学者在生态效率指标的确定上也没有一个统一的说法，大多数文献只是探讨性的。一般在评价经济主体的生态效率时，主要考虑资源、能源、劳动力、产量以及收益等经济指标，对环境指标的考虑比较少。而从生态效率的内涵可以看出，经济的发展是兼顾经济与环境两大方面，所以经济主体在制定可持续发展的经济目标时，必须综合考虑经济与环境之间的问题。尤其在低碳经济背景下，环境问题越来越受到政府部门的重视，生态效率的评价与分析也变得更加复杂起来。如何更好地去评价生态效率，选择生态效率评价指标就显得非常重要。黑龙江省生态效率评价指标需要根据生态效率的评价目标来设计，要准确反映黑龙江省生态效率的具体情况，必须建立反映评价对象特点的指标。所以评价指标是黑龙江省生态效率设计的重要问题。

2.3.5 生态效率评价方法

评价方法实际上就是对评价客体的生态效率进行评价的一种工具，是生态效率评价过程中最为关键的环节，因为评价方法关系到评价结果的真实性。近几年来，研究生态效率评价方法的文献非常多，生态效率的评价实践也在不断的深入。总结起来在实践中应用比较广泛的评价方法有：经济—环境比值评价法、生态效率指标评价分析法、物质流分析法、生态足迹法、参数分析法和非参数分析法等。由于这些方法自身都存在一定的局限性，所以生态效率的评价结果很难反映其真实的水平。因此，在确定评价方法时，除充分考虑评价方法本身特性外，还应考虑区域经济发展的特性和评价目的。只有准确地确定出合适的评价方法，才能使得生态效率的评价结果更具说服力。对于黑龙江省生态效率的评价，需要结合黑龙江省的具体经济发展情况和特点，选择科学合理的评价方法，以实现评价的目标。

2.3.6 生态效率评价标准

评价标准是对评价客体进行价值判断的尺度，是生态效率评价体系的核心要素之一，是评价工作的基本准绳和标尺，是最后进行评价计分的依据，它决定了评价目标能否实现以及评价结果是否公平准确。具体的生态评价标准是在一定前提条件下产生的，它不是绝对的，本身具有相对性。由于评价的目标、客体和出发点不同，相应的评价标准在选择时，会有所区别。评价标准的选择必然影响我们的评价结论。所以一旦选定一个标准去评判，应保持其相对稳定性，这样可以保持信息之间的可比性和一贯性。

生态效率的评价标准有个循序渐进的过程，主流经济学一直以来把帕累托最优判断标准当做经济主体运行效率的唯一标准。但是该标准的运用是有条件的，只有在信息对称、完全竞争的市场下才会导致帕累托最优，然而现实经济情况不可能与完全竞争的经济模型一样，所以帕累托最优是有局限性的[217]。由于帕累托最优是一种理想的状态，现实生活中不可能达到，所以一些学者就提出次优理论的思想，指出通过经济和政策的手段来加以修正和弥补，使经济主体的运行达到次优的状态[218]。

在区域经济生产活动中，我们在获得期望产出的同时，还会产生非期望产出，非期望产出有的是可以加以利用的，有的根本无法利用。所以资源的利用很难达到最优，资源的配置效率也就无法达到理想的帕累托最优状态。这就说明，帕累托最优状态所要求的假设条件并不能全部得到满足，这时次优问题就存在。因此本文考虑到现实并非完美的问题，选择以生态效率适度最优作为区域生态经济运行的价值判断标准。生态效率适度最优不需要满足帕累托最优所要求的条件，而是以经济活动对环境的影响最小作为目标，努力达到各方的适度最优，以实现区域生态经济的可持续发展。生态效率适度最优作为生态效率评价的标准才能满足生态效率评价目标的要求，生态效率适度最优作为区域生态经济运行的效率判断标准是合理的。

2.4 本章小结

本章界定了效率及生态效率的内涵，研究了生态效率与物质减量化、循环经济、经济增长、环境负荷、能源效率及帕累托效率等概念之间的联系与区别；深入探讨了生态效率评价理论研究基础，即效率与公平理论、资源经济学理论、环境经济学理论、生态经济学理论、可持续发展经济学理论构成了生态效率的评价分析基础；同时从生态效率评价主体、评价客体、评价目标、评价指标、评价方法、评价标准等六个方面构建了生态效率评价研究的基本框架。

生态效率评价方法及评价逻辑

评价方法是生态效率评价系统的一个重要组成部分，是后续进行实证分析的基础。评价方法科学与否，关系到生态效率评价结果能否经得起实践的检验。因此，探索一套科学、全面的区域生态效率评价方法体系是本章的核心所在。本章首先简要地回顾现有的生态效率评价方法优势及局限性，然后将生态效率的评价方法定位为全要素和偏要素两种视角，在全要素视角下在引入 Kuosmanen 和 Kortelainen（2005）提出的 DEA 和 Kortelainen（2008）基于 MPI 的生态效率评价过程和思路；在偏要素视角下提出了基于偏要素生态效率（Partial Factor Eco-efficiency, PFE）的静态以及基于偏要素环境生产率指数（Partial Factor Environment productivity index, PFEPI）的动态评价方法。

3.1 常用生态效率评价方法比较

现有的生态效率研究方法概括起来主要有经济—环境比值评价法、生态效率指标评价分析法、物质流分析法、生态足迹法、参数分析法和非参数分析法等六大类，这六类方法在评价生态效率时各有其自身的特点和缺陷。具体见表 3-1。

表3-1 各类评价方法比较表

Table 3-1 Comparison of different evaluating methods

方法类别	优点及特色	缺 陷
经济—环境比值评价法	该方法是最常用的传统的生态效率评价方法;计算简单;容易理解。	容易忽略其他因素的贡献,无法真正代表某个企业、行业及区域的生态效率;季节性因素也有可能扭曲比率分析。
生态效率指标评价分析法	指标考虑不同维度项目的效率大小,比较符合实际情况。	衡量指标过多,不易判断相对效率的大小;不同指标间权重大小的设定存在主观的影响;投入与产出数量之间必须相同,因而无法顾及多元投入与产出的情况。
物质流分析法	利用该方法能够得到简洁的环境压力和可持续发展程度的跟踪指标;弥补了使用货币单位的局限性。	弱化了物质流指标与物质流动带来的环境影响之间的联系;只考虑经济和环境两个系统界面的总的物质量的实物变化,不考虑系统内的物质流的变化。
生态足迹法	计算方法简便,易于理解;应用范围非常广泛。	生态足迹法是一种静态分析方法,不能反映未来的发展趋势和监测变化过程;生态足迹法偏向于生态性,忽略经济的可持续性。
参数分析法	可以使用的样本时间序列数据、横截面数据和面板数据等多类型数据;比较适合用于对经济总量的长期预测。	对经济体有较强的行为假设和制度假设,导致模拟的生产状况与现实经济条件差距较远;不能处理不同类别投入要素样本数据的加总问题。

（续）

方法类别	优点及特色	缺　　陷
非参数分析法 （DEA）	可以同时处理不同衡量单位的多项投入与多项产出的效率衡量；无需事先假设生产函数关系的表达式进而避免参数估计问题；可避免主观赋予权重的问题；所计算的效率为一综合指标，比较适宜做被评价单位间的效率比较；能够为管理决策者提供效率改善方面有用的信息。	测得的是被评价单位之间的相对效率而非绝对效率；被评价单位应具有同质性；对相关数据资料的精确性要求高，而且相关数据必须满足一定的数量要求；不能处理投入与产出项数值为负数的情况；样本不足时易将无效率单位错评为有效率单位。

通过上述的比较分析，每种评价方法都有其各自的优势和缺陷，如何进行全面、系统及科学合理地对生态效率进行评价，需要对评价方法进行不断的完善和改进。对于当前来讲，非参数分析法中的 DEA 方法是相对比较适合于评价生态效率的一种方法，但同时我们也看到 DEA 方法本身也存在着一定的不足，如何准确系统地评价还需要在 DEA 的基础上对其进行整合和完善。本书拟从全要素视角和偏要素视角对生态效率的评价方法和评价思路进行具体的研究。

3.2　基于全要素视角的生态效率测度

关于全要素效率的理解，通常指的是全要素生产率（Total Factor Productivity，TFP）又称为"索罗余值"，它是宏观经济学里面的一个重要概念，是分析经济增长源泉的重要工具，尤其是政府制定长期可持续增长政策的重要依据。全要素生产率是衡量单位总投入的总产量的生产率指标。即总产量与全部要素投入量之比。全要素生产率的增长率常常被视为科技进步的指标。全要素生产率的来源包括技术进步、组织创新、专业化和生产创新等。产出增长率超出要素投入增长率的部分为全要素生产率（TFP，也称总和要素生产率）增长率。

但是本书所界定的全要素视角下的生态效率是对被评价单位以其各种全部要素的综合投入与其经济产出之间进行衡量的一种方法，即经济产出与全部要素投入量之比，是一种静态视角下的效率衡量方法，不是一种动态的生产率的增长衡量；因此要和传统的全要素生产率加以区别。

本书在全要素视角下对生态效率的测度采用 Kuosmanen 和 Kortelainen(2005)提出的 DEA 评价方法和 Kortelainen(2008)基于 MPI 构造的 EPI 方法，采用该种方法目的是先从全要素视角下来了解黑龙江省各市地的生态效率整体变化情况。

3.2.1 基于 DEA 的生态效率测度

3.2.1.1 DEA 方法概述

数据包络分析法(Data Envelop Analysis，DEA)，就是采用帕累托适度最优的效率概念，或者是经济学中的经济效率概念，即认为自由不管再怎么重新配置，都没有办法使某些经济个体获取更高的经济利益，而与此同时也不会损害到其他经济个体的利益。基于帕累托适度最优的效率概念，只有求得被评价群体的生产前沿边界，即可将某个被评价单位的实际生产状况与生产前沿边界上对应的情况加以比较，即可求得其效率水平。DEA 主要是利用包络曲线(envelopment)的技术代替一般经济学中的生产函数，应用线性规划(linera programming)模式，将所有决策单元(Decision Making Unit，DMU)的投入、产出项投影于空间中，寻找其边界，并找出投入最小、产出最大的 DMU，且连接形成一条效率前沿的包络曲线。DEA 认为落在效率前沿包络曲线上的 DMU 被认为其投入和产出的组合具有最佳效率，并且将其效率值定为 1；而不在包络线上的 DMU 则被认为是无效率的，同时以特定的有效率点为基准，给予一个相对的效率值(介于 0 和 1 之间)。在评价各 DMU 之前，DEA 并不事先假设各项投入与产出项之间的函数关系，而是经过相对比较的概念，因此不但能求得各 DMU 的效率值，还能指出各 DMU 应该如何调整其投入与产出项的组合，以便达到效率最佳的营运状态。

DEA 有两种基本模型，分别是基于规模报酬不变假设下的 CCR 模型（该模型由 Charnes、Cooper 和 Rhode 于 1978 年提出，简写成 CCR 模型），和基于规模报酬可变假设的 BCC 模型（该模型由 Banker、Charnes and Cooper 于 1984 年提出，简写成 BCC 模型）。下面简单地介绍这两种模型的基本内容。

（1）DEA 的 CCR 模型。DEA 方法的第一个模型是 DEA—CCR 模型，它是一种基于规模报酬不变假设下 DEA 模型。假设决策单位 k（$j = 1，2，3，\cdots，n$）使用第 i 项投入量为 X_{ij}，其第 r 项产出量为 Y_{rj}，则第 k 个单位的效率可由式（3-1）式求得：

$$\underset{ur,vi}{\text{Max}} \quad E_k = \frac{\sum_{r=1}^{s} u_r Y_{rk}}{\sum_{i=1}^{m} v_i X_{ik}}$$

$$s.\,t. \quad \frac{\sum_{r=1}^{s} u_r Y_{rj}}{\sum_{i=1}^{m} v_i X_{ij}} \leqslant 1, j = 1,2,\cdots,n$$

$$ur,v_i \geqslant \varepsilon > 0 \quad , \quad r = 1,\cdots,s, \quad i = 1,\cdots,m \quad (3\text{-}1)$$

其中 u_r、v_i 分别代表第 r 个产出项与第 i 个投入项之权重，n 为被评价单位之个数，m 为投入项之个数，s 为产出项之个数。模式（3-1）之效率值是在相同产出水准下，比较投入资源之使用效率，因而称为投入导向效率。此式为一比率模式，是由产出的加权组合除以投入的加权组合，而权重 u_r 与则由模型自身决定。其特征是将权重 u_r 及 v_i 视为未知，权重会被选定为特定的数值，以使效率值为最大。

由于模式（3-1）的目标函数为分数线性规划形式，除了运算不易外，且有无穷解之虞。因此为解决上述情况，Charnes、Cooper 和 Rhode（1978）增加了一个限制条件，$\sum_{i=1}^{m} V_i X_{ik} = 1$，并将其转换为线性规划模式，如式(3-2)：

$$\text{Max} \quad \sum_{r=1}^{s} u_r Y_{rk}$$

$$s.\,t. \quad \sum_{i=1}^{m} v_i X_{ik} = 1 \tag{3-2}$$

$$\sum_{r=1}^{s} u_r Y_{rj} - \sum_{i=1}^{m} v_i X_{ij} \leqslant 0, \quad j = 1, \cdots, n$$

$$ur, v_i > 0, \quad r = 1, \cdots, s, \quad i = 1, \cdots, m$$

式(3-2)是在投入加权和为 1 的状态下，极大化产出加权总合。且为更方便求解，所以更进一步将其转换为对偶模式，此对偶模型如下：

$$\underset{\theta}{\text{Min}} \quad hk = \theta - \varepsilon \left(\sum_{i=1}^{m} S_i^- + \sum_{r=1}^{s} S_r^+ \right)$$

$$s.\,t. \quad \sum_{j=1}^{n} \lambda_j X_{ij} - \theta X_{ik} + S_i^- = 0, \quad i = 1, \cdots, m$$

$$s.\,t. \quad \sum_{j=1}^{n} \lambda_j Y_{rj} - \theta X_{ik} + S_r^+ = Y_{rk}, \quad r = 1, .\cdots, s$$

$$\lambda_j, S_i^-, S_r^+ \geqslant 0, \quad j = 1, \cdots, n, \quad i = 1, \cdots, m, \quad r = 1, \cdots, s$$

$$\tag{3-3}$$

式(3-3)中 S_i^-，S_r^+ 分别投入和产出的松弛变量，是线性规划中将不等式转换为等式所常用的参数。θ 代表的是被评价单位的效率值，因该模型是投入导向型，因此 θ 值小于 1 时，表示其要素投入量有过多浪费的情形，应当予以比例化地缩减其投入量的使用，其具体应当减少的比例为 $1 - \theta$。

（2）DEA 的 BCC 模型。如果在 DEA—CCR 模型中加入凸性约束 $\sum_{j=1}^{n} \lambda_j = 1$，则可以得到 DEA—BCC 模型，其模型如下：

$$\underset{u_r, v_i}{\text{Max}} \quad E_k = \frac{\sum_{r=1}^{s} u_r Y_{rk} - u_0}{\sum_{i=1}^{m} v_i X_{ik}}$$

$$s.t. \quad \frac{\sum\limits_{r=1}^{s} u_r Y_{rj} - u_0}{\sum\limits_{i=1}^{m} v_i X_{ij}} \leqslant 1, \quad j = 1, \cdots, n \qquad (3\text{-}4)$$

$$u_r, v_i > 0, \quad r = 1, \cdots, s, \quad i = 1, \cdots, m$$

u_0 无正负限制

由于公式(3-4)不易求解，但可经由固定分母之值予以转换成线性规划式，形成如下所列投入导向之原问题，从而能够易于求解。

$$\operatorname*{Max}_{u_r, v_i} \quad h_k = \sum_{r=1}^{s} u_r Y_{rk} - u_0$$

$$s.t. \quad \sum_{i=1}^{m} v_i X_{ik} = 1 \qquad (3\text{-}5)$$

$$\sum_{r=1}^{s} u_r Y_{rj} - \sum_{i=1}^{m} v_i X_{ij} \leqslant 0 \quad , j = 1, \cdots, n$$

$$u_r, v_i > 0, \quad r = 1, \cdots, s \quad , i = 1, \cdots, m$$

u_0 无正负限制

3.2.1.2 基于 DEA 的生态效率评价过程

在国外较早运用 DEA 方法对生态效率进行测度研究中代表性的人物是 Kuosmanen 和 Kortelainen（2005）等人，他们创造性地将生态效率理论与 DEA 理论有机地结合起来，提出了基于 DEA 的生态效率测度和评价方法，并将其运用到芬兰三大城市的公路运输的生态效率评价中。此后，运用 DEA 方法对宏观、中观和微观层面的生态效率进行测度应用研究，已成为当前国内外学者的共识选择。

Kuosmanen 和 Kortelainen（2005）认为[79]：运用 DEA 对生态效率进行评价，首先将被评价的对象视为 N 个 DMU；每个 DMU 在其生产经济活动中都将产生经济增加值 V 和造成 M 种环境影响 $Z(n)$。根据生态效率的计算公式：某个 DMU 的生态效率应为其创造的经济增加值 V 与其造成的 M 种环境影响之间的比值，用公式表示为式(3-6)：

$$EE = V/Z(n) \qquad (3\text{-}6)$$

在此假定下，第 n 个决策单元的最优相对生态效率 EE_n 可用分数线性规划得到。

$$\underset{w}{\text{Max}} \quad EE_n = \frac{V_n}{\sum_{i=1}^{M} w_i Z_{ni}}$$

$$s.t. \quad \frac{V_1}{\sum_{i=1}^{M} w_i Z_{1l}} \leqslant 1 \tag{3-7}$$

$$\frac{V_N}{\sum_{i=1}^{M} w_i Z_{Ni}} \leqslant 1$$

$$\sum_{i=1}^{M} w_i = 1$$

$$w_i \geqslant 0, i = 1 \wedge M$$

式(3-7)中，w 为各种环境影响指标的权重，它不需要事先地对各种环境影响的重要程度进行排序，而是通过计算每个决策单元在经济现实中可能达到的最大生产可能边界所达到的相对生态效率而内生出的"最优"权重。由于式(3-7)中规定了权重非负这一限制条件，因而每个决策单元的生态效率值都介于 0 和 1 之间。其中，如果生态效率等于 1，则意味着该决策单元的环境绩效相对最好，因为它有效地采用了"最佳生产实践技术"（Best Practice Technology）；反之亦然。

由于在式(3-7)中的目标函数和约束条件都是非线性的，这种分数的线性规划问题不易于求解，所以 Kuosmanen 和 Kortelainen 对其进行了转换，他们对式(3-7)中的目标函数和约束条件都取倒数后，便将生态效率测度中的分数线性规划问题就转变为一个易于求解的线性规划问题，即式(3-8)。

$$\min_{w} \quad EE_n^{-1} = \sum_{i=1}^{M} w_i \frac{Z_{ni}}{V_{ni}}$$

$$s.t. \quad \sum_{i=1}^{M} w_i \frac{Z_{1i}}{V_1} \geq 1$$

$$\sum_{i=1}^{M} w_i \frac{Z_{1i}}{V_N} \geq 1 \qquad (3\text{-}8)$$

$$\sum_{i=1}^{M} w_i = 1$$

$$w_i \geq 0, i = 1 \wedge M$$

通过求解式(3-8)所示的线性规划问题，不仅可以得出不同环境影响指标的内生权重，而且可以得到各个决策单元的生态效率值。这里的生态效率既是度量环境绩效的一个技术效率指标，也是间接度量决策单元偏离技术前沿的一个距离值。通过这种经过 DEA 方法求得的生态效率值具有如下的优势：一是克服了不同投入要素之间因计量量纲不同而带来的加总困难，从而使得在 DEA 模型下测得的生态效率的含义表达与生态效率自身定义更为一致，是一种基于全要素视角下的综合性生态效率测度；二是在 DEA 模型下测得的生态效率充分考虑了不同种类投入要素之间的可替代性，克服了传统生态效率评价时将各种投入要素孤立评价的缺陷；三是经过 DEA 模型下测得的生态效率值是能够使每个被评价单位所能达到的最佳效率值，且其效率值介于 0 和 1 之间，不仅便于人们分析和管理，而且还最大限度地避免了人为主观因素的影响。

3.2.2 基于 MPI 的生态效率测度

3.2.2.1 MPI 基本概述

曼奎斯特指数最早是由瑞典经济学和统计学家 Sten Malmquist 作为一种消费指数在 1953 年提出的，当时他用该指数分析不同时期的消费变化。1982 年，Caves、Christensen 和 Diewert 等人将曼奎斯特指数应用到生产率评价领域，首次提出了曼奎斯特生产率指数（Malmquist Productive Index，MPI）[223,224]。虽然这一研究在当时产生了很大影响，但在其后较长的一段时期内，却很少出现有关的应用研究。直到 1994 年，Fare、Grosskopf 和 Norris 等人给出了一种理论的非参数的线性规划算法，应用 Shephard 的距离函数（Distance Functions）将全要素生产率增长（Total Factor Productivity change）分解为技术变动（Technical Change）与技术效率变化（Technical Efficiency Change）两个指标，才使得曼奎斯特生产率指数得以广泛应用[226]。Fare、Grosskopf 和 Norris 等人修正的 MPI 用公式表示如下：

$$M_i(x^{t+1}, y^{t+1}, x^t, y^t) = \left[\left(\frac{D_i^t(x^t, y^t)}{D_i^t(x^{t+1}, y^{t+1})} \right) \left(\frac{D_i^{t+1}(x^t, y^t)}{D_i^{t+1}(x^{t+1}, y^{t+1})} \right) \right]^{1/2}$$

$$= \frac{D_i^t(x^t, y^t)}{D_i^{t+1}(x^{t+1}, y^{t+1})} \left[\left(\frac{D_i^{t+1}(x^{t+1}, y^{t+1})}{D_i^t(x^{t+1}, y^{t+1})} \right) \left(\frac{D_i^{t+1}(x^t, y^t)}{D_i^t(x^t, y^t)} \right) \right]^{1/2} \tag{3-9}$$

在式（3-9）中，需要计算 $[D_i^t(x^t, y^t)]^{-1}$、$[D_i^{t+1}(x^t, y^t)]^{-1}$、$[D_t^{t+1}(x^{t+1}, y^{t+1})]^{-1}$ 和 $[D_t^t(x^{t+1}, y^{t+1})]^{-1}$ 等 4 个距离函数，而这 4 个距离函数中，$[D_t^t(x^t, y^t)]^{-1}$ 所代表的意义是被评价单位在第 t 期的技术效率水平；$[D_i^{t+1}(x^t, y^t)]^{-1}$ 代表的被评价单位是以第 $t+1$ 期的技术水平为参照，其在第 t 期的技术效率水平；$[D_t^{t+1}(x^{t+1}, y^{t+1})]^{-1}$ 所代表的意义是被评价单位在第 $t+1$ 期的技术效率水平；$[D_t^t(x^{t+1}, y^{t+1})]^{-1}$ 代表的被评价单位是以第 t 期的技术水平为参照，其在第 $t+1$ 期的技术效率水平。

3.2.2.2　基于 MPI 的生态效率评价过程

但是应该看到，基于 DEA 的生态效率测度明显不足之处在于：它只能进行被评价单位在同一时期（当期）静态视角的评价，不能对被评价单位在连续期间生态效率动态变化的分析和测度。如果要是在 DEA 框架下，将被评价单位在连续期间的面板数据进行分析时要么是将不同时期的面板数据放在一个混合数据集里，忽略时间维度，从而将处于不同时期的被评价单位置于同一个技术前沿下来测度不同决策单元的相对生态效率；要么就是分别以每年独立的数据集来分别度量不同时期的技术前沿，并在此基础上测算各决策单元在不同期间(技术集)的相对生态效率。虽然这两种处理方法都比较易于操作,但是它们存在的缺陷是显而易见的:即在长期动态生态效率分析中既不能分析环境技术的变化大小,也不能对观察到的环境绩效变化进行原因解释。

基于此,Kortelainen(2008)在借鉴 MPI 分析的基础上,用在基于 DEA 模型下测得的不同年份的生态效率之比,构造出了一个测度某个 DMU 动态生态效率变化的指标,即环境绩效指数(Environmental Performance Index,EPI)并将该指数分解成环境技术变化(Environmental Technical Change,ETC)和相对生态效率变化(Relative Eco-efficiency Change,REC)两个部分。

Kortelainen(2008)基于 MPI 构造的 EPI 思路如下[227]:假定 EE_k (Z^s, V^s, t) 表示第 k 个决策单元在第 t 期环境生产技术前沿下,以第 s 期的产出数据为基础而得到的相对生态效率,用公式表示如下:

$$[EE_k(Z^s, V^s, t)]^{-1} = \min_w \sum_{i=1}^{M} w_i \frac{Z_{ki}^s}{V_k^s}$$

$$s.t. \quad \sum_{i=1}^{M} w_i^* \frac{Z_{1i}^t}{V_1^t} \geq 1$$

$$\Downarrow$$

$$\sum_{i=1}^{M} w_i \frac{Z_{Ni}^t}{V_N^t} \geq 1$$

$$\sum_{i=1}^{M} w_i = 1$$

$$w_i \geq 0$$

$$(i = 1, \cdots, M)$$

为评价第 k 个决策单元从 $t-1$ 期到 t 期之间的动态环境绩效变化,Kortelainen 分别以第 $t-1$ 期和第 t 期的环境生产技术前沿为参照,运用式(3-8)所示的线性规划来得到一个环境绩效指标,如果以第 $t-1$ 期的环境生产技术前沿为参照,那么第 k 个决策单元从 $t-1$ 期到 t 期之间的动态环境绩效变化可以表示为式(3-10):

$$\mathrm{EPI}_k(t-1) = \frac{\mathrm{EE}_k(Z^t, V^t, t-1)}{\mathrm{EE}_k(Z^{t-1}, V^{t-1}, t-1)} \tag{3-10}$$

同样的，以第 t 期的环境生产技术前沿为参照，那么第 k 个决策单元从 $t-1$ 期到 t 期之间的动态环境绩效变化可以表示为式(3-11)：

$$\mathrm{EPI}_k(t) = \frac{\mathrm{EE}_k(Z^t, V^t, t)}{\mathrm{EE}_k(Z^{t-1}, V^{t-1}, t)} \tag{3-11}$$

根据统计指数相关理论，式(3-10)相当于帕舍指数，而式(3-11)则相当于拉斯帕斯指数，由于这两个指标所表达的意义和计算结果并不相同，而且又没有合理的依据对二者进行科学合理的取舍，因此为综合考虑两种指数下的不同结果，Kortelainen 沿用 Fisher(1922)和 Caves 等(1982)的做法，将式(3-10)和式(3-11)进行几何算术平均来解决上述问题，从而求得第 k 个决策单元在 $t-1$ 期到 t 期之间的动态环境绩效变化 $\mathrm{EPI}_k(t-1, t)$，见式(3-12)。

$$\mathrm{EPI}_k(t-1, t) = \left(\frac{\mathrm{EE}_k(Z^t, V^t, t-1)}{\mathrm{EE}_k(Z^{t-1}, V^{t-1}, t-1)} \times \frac{\mathrm{EE}_k(Z^t, V^t, t)}{\mathrm{EE}_k(Z^{t-1}, V^{t-1}, t)} \right)^{1/2}$$

$$(t = 2, \cdots, T)$$

$$\tag{3-12}$$

Kortelainen 指出式(3-11)中的 $\mathrm{EPI}_k(t-1, t)$ 相当于基于投入导向的 MPI，如果 $\mathrm{EPI}_k(t-1, t)$ 大于 1，则意味着从 $t-1$ 期到 t 期，第 k 个决策单元的生态效率得到了改善，而且其值越大，其生态效率的改善程度也就越大；反之如果 $\mathrm{EPI}_k(t-1, t)$ 小于 1，则意味着从 $t-1$ 期到 t 期，第 k 个决策单元的生态效率发生了退步，而且其值越大，其生态效率的衰退程度也就越大。进一步地，为探讨生态效率变化的源泉，Kortelainen 在借鉴 Nishimizu 和 Page(1982)、Fare 等(1994)对 MPI 进行两重分解的基础上，Kortelainen(2008)将 $\mathrm{EPI}_k(t-1, t)$ 分解成相对生态效率变化和环境技术变化两个部，见式(3-13)。

$$EPI_k(t-1,t) = \frac{EE_k(Z^t,V^t,t)}{EE_k(Z^{t-1},V^{t-1},t-1)} \times \left(\frac{\dfrac{EE_k(Z^{t-1},V^{t-1},t-1)}{EE_k(Z^{t-1},V^{t-1},t)}}{\times \dfrac{EE_k(Z^t,V^t,t-1)}{EE_k(Z^t,V^t,t)}} \right)^{1/2}$$

$$= \Delta EE_k(t-1,t) \times \Delta ENVTECH_k^{t,t-1} \quad (t=2,\cdots,T)$$

(3-13)

在式(3-13)中 $\Delta EE_k(t-1,t) = \dfrac{EE_k(Z^t,V^t,t)}{EE_k(Z^{t-1},V^{t-1},t-1)}$ 表示的是被

评价单位连续两期相对生态效率变化指数，$\Delta ENVTECH_k^{t,t-1}$ 表示的是被评价单位连续两期环境技术变化指数。

3.3 基于偏要素视角的生态效率测度

通过 DEA 和 MPI 的生态效率测度，我们能够从全要素的视角对被评价单位的生态效率整体变化有了全面的把握，但是它们却不能反映出在全要素框架下每种具体投入要素相对于其产出之间静态和动态的评价结果；因此本文在对生态效率进行 DEA 和 MPI 评价基础上，提出了基于偏要素视角的生态效率静态和动态的评价方法。

3.3.1 偏要素生态效率界定

根据前文，基于 DEA 模型下求得的是某个 DMU 的全部投入 Z (n) 和其产出 V 之间的基于全要素视角下的 DMU 的综合生态效率 $[EE = V/Z(n)]$ 评价结果，也就是该 DMU 各种投入要素 $Z(n)$ 的全要素产出效率，充分考虑了各种投入要素之间的可替代性关系，但是通过 DEA 求得的综合生态效率 $[EE = V/Z(n)]$ 不能判定在全要素生产框架下该 DMU 具体某种环境影响 Z_i 的效率大小，因此本文引入偏要素生态效率的测度思想。

所谓偏要素生态效率是指某种环境影响 Z_i 的在既定的环境生产技术水平 $Z(n)$ 下，和在保持既定经济产出 V 的前提下，假定除要素

Z_i 以外的其他各种投入要素保持不变的条件下，要素 Z_i 可以达到的潜在最小化投入量与目前要素 Z_i 的投入量之比，也即是要素 Z_i 可以实现减少的幅度。偏要素生态效率越高表明该要素投入量与其潜在最少要素投入量的差距越小，要素的使用效率就越高，要素可节约的空间也就较小。偏要素生态效率越低表明该要素投入量与潜在最小要素投入量的差距较大。

与综合生态效率不同的是，偏要素生态效率衡量的是在全要素生产技术水平下，单个投入要素可以减少的最大程度，是针对单个投入要素而言的；综合生态效率衡量在既定产出条件下，全部投入可以减少的程度，此时所有投入均减少，是相对于全部投入而言的。很明显综合生态效率掩盖了各个要素效率之间的差异，某个区域的综合生态效率高，并不一定代表着该区域全部各项投入要素的偏要素生态效率都高；反之亦然；总之综合效率只是全部投入要素效率的综合效应。

3.3.2　基于 DEA 的偏要素生态效率测度

在基于 DEA 求解生态效率的框架下，各种投入的资源和环境和其产出之间所购成的生产有效前沿面为 $f(x)$，那么 $f(x)$ 则变成了一条包络所有资源和环境生产达到最优状态单位的数据包络线。

由于 DEA 使用线性规划方法评价决策单元（DMU）的相对效率，其目的是构建一条非参数数据包络生产前沿线，使有效的 DMU 位于生产前沿上，而无效的 DMU 处于生产前沿内部。如图 3-1 所示。

该图表明了在数据包络分析中效率衡量的观念。在图 3-1 中的每个点代表生产相同产出水平的投入组合；假设有 A、B、C、D 四个 DMU，其单位化的经济产出（如 GDP）依赖于废水、废气和固废等各种环境影响的非期望产出，我们可以把各种环境影响的非期望产出视为各种投入要素。由此确定了现实条件下的最佳生产前沿面 $S-S'$。其中 C 点和 D 点在前沿面上，是有效的；A 点和 B 点在前沿面外，存在一定的效率损失。现在我们来考察 A 点的无效率情况。考虑到各种环境影响非期望产出（相当于投入要素）的冗余问题，A 点

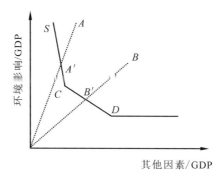

图 3-1 投入导向型的 DEA 模型

Fig. 3-1 DEA model oriented to input

位于前沿面上的投影 A' 点可通过进一步减少相应的污染排放，从而使其污染排放水平达到有效生产前沿上的决策单元 C 的水平，并同时保持其原有产出不变。因此对于决策单元 A 而言，AA' 和 $A'C$ 是点 A 为到达目标参照点 C 所要调整的环境影响排放量，其中射线冗余 AA' 反映的是技术无效率，而另一部分非射线冗余 $A'C$ 则反映的是环境影响排放在资源配置中的无效率。因此，所以生产决策单元 C 为 A 的最佳生产实践参照点，生产决策单元 C 为生产决策单元 A 的目标改进方向。如果用 E_{actual} 表示非有效生产决策单元在实际中的某种环境影响排放量，$E_{redundant}$ 表示非有效生产决策单元在实际中的该种环境影响排放量地冗余量（包括径向冗余和非径向冗余），那么非有效生产决策单元在实际中的目标环境影响排放量 E_{target} 则为其实际环境影响排放量与冗余量之差，用公式表示如下：

$$E_{target} = E_{actual} - E_{redundant} \qquad (3-14)$$

那么非有效生产决策单元 A 该种环境影响排放的偏要素生态效率（Partial Factor Eco – efficiency, PFE）则为：

$$PFE = E_{target}/E_{actual} \qquad (3-15)$$

3.3.3 基于 MPI 的偏要素生态效率测度

为了考察偏要素生态效率的动态变化，本文需要将 PFE 与 MPI 相结合，整合出偏要素环境生产率指数（Partial Factor Environment productivity index，PFEPI），具体整合过程如下：

根据式（3-15）中所示，某种环境影响 i 在第 t 期的偏要素生态效率可以表示成式（3-16）：

$$\text{PFE}_{it} = \frac{Target \quad environmental \quad input_{it}}{Actual \quad environmental \quad input_{it}} = \frac{E_{target}}{E_{actual}} \qquad (3\text{-}16)$$

根据式（3-9）中 MPI 计算公式，其中 $[D_t^t(x^t,y^t)]^{-1}$ 所代表的几何意义是被评价单位在第 t 期的实际产出与目标产出之间的距离函数的倒数，也就是该评价单位的实际技术效率水平，那么站在偏要素生态效率的视角，$[D_t^t(x^t,y^t)]^{-1}$ 所代表的则是某种环境影响在第 t 期的实际非期望产出与目标非期望产出量之间的倒数关系，也就是该种环境影响的偏要素生态效率，因此我们可以得到式（3-17）：

$$[D_t^t(x^t,y^t)]^{-1} = \frac{E_{target:t}}{E_{actual:t}} = \text{PFE}_t^t \qquad (3\text{-}17)$$

同样道理，$[D_i^{t+1}(x^t,y^t)]^{-1}$ 代表的实际意义就是：以在第 $t+1$ 期的技术水平为参照，那么其在第 t 期的偏要素效率，用公式表示为式（3-18）：

$$[D_i^{t+1}(x^t,y^t)]^{-1} = \frac{E_{target:t+1}}{E_{actual:t}} = \text{PFE}_t^{t+1} \qquad (3\text{-}18)$$

以此类推，$[D_t^{t+1}(x^{t+1},y^{t+1})]^{-1}$ 所代表的几何意义是被评价单位在第 $t+1$ 期的实际产出与目标产出之间的距离函数的倒数，也就是该评价单位的实际技术效率水平，那么站在偏要素生态效率的视角，$[D_t^{t+1}(x^{t+1},y^{t+1})]^{-1}$ 所代表的则是某种环境影响在第 $t+1$ 期的实际非期望产出与目标非期望产出量之间的倒数关系，也就是该种环境影响的偏要素生态效率，因此我们可以得到式（3-19）：

$$[D_t^{t+1}(x^{t+1},y^{t+1})]^{-1} = \frac{E_{target:t+1}}{E_{actual:t+1}} = \text{PFE}_{t+1}^{t+1} \qquad (3\text{-}19)$$

而 $[D_t^t(x^{t+1},y^{t+1})]^{-1}$ 代表的实际意义就是：以在第 t 期的技术水平为参照，那么其在第 $t+1$ 期的偏要素效率，用公式表示为式（3-20）：

$$\left[D_t^t(x^{t+1}, y^{t+1}) \right]^{-1} = \frac{E_{target:t}}{E_{actual:t+1}} = PFE_{t+1}^t \qquad (3\text{-}20)$$

最后，把公式（3-17）、（3-18）、（3-19）和（3-20）代入式（3-9）后，我们就会得到这样的结果：

$$M_0(y_{t+1}, x_{t+1}, y_t, x_t) = \frac{PFE_{t+1}^{t+1}}{PFE_t^t} \left[\left(\frac{PFE_{t+1}^t}{PFE_{t+1}^{t+1}} \right) \left(\frac{PFE_t^t}{PFE_t^{t+1}} \right) \right]^{1/2} \qquad (3\text{-}21)$$

在此本文将这个 $M_0(y_{t+1}, x_{t+1}, y_t, x_t)$ 称之为偏要素环境生产率指数（Partial Factor Environment productivity index，PFEPI），于是 $M_0(y_{t+1}, x_{t+1}, y_t, x_t) = PFEPI$。进而我们可以把 $PFEPI$ 分解成两个部分，即偏要素生态效率变动指数 $\dfrac{PFE_{t+1}^{t+1}}{PFE_t^t}$ 和偏要素环境技术变动指数 $\left[\left(\dfrac{PFE_{t+1}^t}{PFE_{t+1}^{t+1}} \right) \left(\dfrac{PFE_t^t}{PFE_t^{t+1}} \right) \right]^{1/2}$ 两个部分。PFEPI 可以对某种环境影响的偏要素生态效率进行动态的分析。

3.4 本章小结

本章首先简要地回顾现有的生态效率评价方法优势及局限性，然后将生态效率的评价方法定位为全要素和偏要素两种视角，在全要素视角下在引入 Kuosmanen 和 Kortelainen（2005）提出的 DEA 和 Kortelainen（2008）基于 MPI 的生态效率评价过程和思路；在 DEA 模型下求得的某一地区的生态效率是一种基于全要素视角下的静态生态效率评价方法；但是 DEA 不能对同一地区不同时期生态效率变化的原因进行深入的探究，而 MPI 很好地弥补了 DEA 的这种缺陷，将同一地区不同时期生态效率变化的原因具体地分解成为相对环境生产效率变动和技术变动，从而能够从动态的角度来说明不同时期某个地区生态效率变化的深层的原因。

通过 DEA 和 MPI 的生态效率测度，我们能够从全要素的视角对被评价单位的生态效率整体变化有了全面的把握，但是它们却不能反映出在全要素框架下每种具体投入要素相对于其产出之间静态和动态的评价结果；因此本文在对生态效率进行 DEA 和 MPI 评价基础上，提出了基于 PFE 和 PFEPI 的偏要素生态效率评价方法，以弥补 DEA 和 MPI 评价生态效率的不足。

4

黑龙江省生态效率评价指标
体系的设计与选择

　　评价指标是评价内容的客观载体和外在表现，是评价方法的具体表达。评价思想和评价思路通过指标设置得以贯彻实施。为了正确对黑龙江省的生态效率进行科学合理的评价，设计适合于黑龙江省经济发展和资源环境状况的生态效率评价指标体系，有必要对黑龙江省经济发展、资源和环境现状进行深入分析，然后在此基础上，讨论生态效率评价指标设计的依据和应遵循的原则，最终确立科学的评价指标体系。

4.1　黑龙江省经济、资源及环境现状分析

　　黑龙江省是我国最东北的省份，它介于东经 121°11′~135°05′，北纬 43°26′~53°33′之间。北部、东部以黑龙江、乌苏里江为界，与俄罗斯相望；西部与内蒙古自治区毗邻；南部与吉林省接壤。黑龙江省地域辽阔，地形复杂多样，有"五山、一水、一草、三分田"之称，由大兴安岭、小兴安岭、东南部山地和松嫩平原、三江平原构成全省最基本的地形轮廓。全省土地面积46万多平方千米，占全中国总面积的 4.7%。黑龙江省现辖 13 个地市，其中 12 个省辖市，1 个行政公署，省会是哈尔滨。大自然沧海桑田，不仅创造了黑龙江省独特的生态景观，还形成了特色鲜明的资源优势和得天独厚的生

态优势。

4.1.1 经济发展现状

黑龙江省以经济可持续发展为目标,以科学发展观为指导,以科技进步为动力,加快产业结果调整,努力转变经济发展方式,实现经济的快速发展。依据 2011 年 1 月 20 日黑龙江省政府工作报告,2010 年,全省地区生产总值达到 10235 亿元,地方财政收入达到 1073.3 亿元,分别比上年增长 12.6% 和 21.2%,比"十五"期末增长 75.6% 和 1.7 倍。粮食总产突破 500 亿公斤大关,成为全国第二个超 500 亿公斤省份。城镇居民人均可支配收入达到 13856 元,农村居民人均纯收入达到 6210.7 元,分别比"十五"期末增长 67.5% 和 92.8%。经济呈现出高增长、高效益、平稳、健康的发展势头。同时黑龙江省还是一个资源相对丰富的省份,原煤、原油、天然气等能源可探明资源储量大,资源禀赋比较好,为经济建设做出了巨大贡献。

但与我国经济发达地区相比,黑龙江省的经济发展状况受限于其较弱的经济实力和区域竞争力,其经济发展模式依然受制于粗放型经济发展模式,未能脱离其传统的资源消耗型轨道,目前仍然处于新型工业化的转型之中,走资源节约型的道路仍需要更多的努力。

4.1.2 资源开发和利用现状

黑龙江省是我国东北老工业基地之一,资源储量丰富,目前已发现的矿产资源达 131 种,已探明储量的矿产有 78 种,其中有 10 种矿产的储量居全国之首,煤炭储量在东北三省位居第一。黑龙江省现已开发利用的矿产达 39 种,各类矿产年产值居全国第二位,以石油、煤炭、黄金、石墨最为著名,黑龙江省是典型的资源型大省,省内有 1 个油城,2 个林城,4 个煤城,共 7 个资源型城市。这些资源型城市的各种资源为黑龙江省经济发展做出了巨大贡献。

但是在经济发展过程中,黑龙江省的能源消耗十分巨大,平均能耗要比发达国家高出 10% ~20%。2010 年全国各省、自治区、直辖市单位竞聘能耗统计中,黑龙江省排名 14 位,每万元 GDP 能耗

1.46 吨标准煤，比全国平均值高 0.24 吨，节能降耗工作有待加强。从能源利用效率来看，黑龙江省能源利用效率不足 30%，比发达国家低 10 多个百分点，低于全国平均水平，能源利用效率与世界和国内先进水平相比差距拉大。从长远角度来看，随着工业化、城市化水平的提高，经济持续快速的增长，黑龙江省能源需求量会越来越大，黑龙江省的能源消费量将直线上升，将是现在的能源储量和产量无法承受的。而资源的大量消耗弱化了生态环境能够提供的经济承载能力，各种资源逐渐趋向枯竭。因此能源的巨大消耗严重制约了经济的发展后劲，并威胁到人类的生存。

4.1.3 环境现状

根据 2009 年黑龙江省环境状况公报，可以看出黑龙江省各个地区的环境是逐步改善的。主要环境影响的污染物排放呈现出下降态势，如化学需氧量和二氧化硫排放量继续呈下降趋势。但是环境质量总体恶化的趋势还没有从根本上得到控制，环境污染仍相当严重。生态环境形势依然严峻，生态破坏的现象时有发生。可利用的资源和能源正在逐步减少或消失。老的环境问题尚未得到有效解决，新的环境问题又不断涌现出来。严重破坏人类生存的环境，给人类健康带了巨大的威胁，形成了巨大的经济损失，影响到黑龙江省生态省的建设以及经济建设的顺利实施，严重制约了黑龙江省经济、社会的可持续发展。

黑龙江省是我国确定的第三个生态建设示范省，走的是新型工业化的道路，一直强调把建设资源节约型和环境友好型社会，作为加快转变经济发展方式的重要着力点，以发展生态经济为主导。但是在经济发展过程中要建立资源节约型和环境友好型的社会，必须处理好经济、资源及环境之间的关系。尽管黑龙江省一直强调低碳绿色发展，做好节能减排，发展循环经济，但是实施的效果如何，需要做出客观公正的评价。所以本文从黑龙江省经济发展实际现状出发，从生态效率视角为黑龙江省设立符合要求的生态效率评价指标，运用全要素和偏要素等动态和静态相结合的方法来对黑龙江省的生态效率进行全方位的评价、挖掘和分析其深层次的原因，以期更好地对今后的生态经济发展提供指导。

4.2 黑龙江省生态效率评价指标体系设计的依据

4.2.1 生态效率评价的特殊性

黑龙江省生态效率评价是指黑龙江省在资源利用、经济发展和社会环境污染等方面所达到的现实综合状态，一方面有利于促进经济的可持续发展，另一方面有利于创造一个良好的生态环境，实现经济发展和环境保护的双赢效果。根据生态效率的内涵，影响生态效率高低必然包括资源、环境等众多因素的集成。因此，生态效率的评价是一个集经济、资源和环境相互联系的一个系统，这个系统不是一成不变的，它会随着某一因素的调整而进行相应的调整，所以是一个动态的效率评价系统，因此评价其生态效率具有其特殊性，主要体现在以下几个方面：

（1）内容的丰富性。由于生态效率的评价涉及资源、经济和环境这个复杂的系统，那么它的评价必然是对资源利用、环境污染和经济发展等多方面做出合理的评价和描述，而这一描述反映了各个地区资源和环境的变化趋势，从而判断和识别某一地区的经济发展协调程度。

（2）内容的多维性。生态效率评价内容的多维性取决于其评价内容的丰富性，黑龙江省生态效率评价不仅取决于各地区政府对其资源管理的配置效率，而且还取决于全体社会对生态效率意识的认可程度和支持程度，既表现为各地区自身的可持续发展能力和低碳发展潜力，也反映经济对生态环境的影响效果上。

（3）结构的层次性。生态效率评价内容的丰富性和内涵的多维性决定其结构的层次性，如黑龙江省生态效率评价可分为资源利用和环境污染等大的方面，同时在资源和环境大的方面下还可以对某一具体的资源效率和环境影响效率进行深入的细化。

（4）影响的持续性。黑龙江省各地区的生态效率评价结果一旦形成良好的绩效，就能对其地区的产业发展、生态环境、社会经济产生持续久远的影响。在政府的引导下，最终向帕累托状态发展并使经济发展和生态环境逐步完善和提高，从而有利于资源节约型和环境友好型社会的健康持续发展。

（5）效果的动态性。黑龙江省各地区的生态效率是一个持续改进的动态过程，因此其效率评价是一个动态的复合系统，其构建的指标体系应能充分反映系统变化的动态过程，反映不同发展阶段条件下的特征，以便于政府进行预测和决策。

4.2.2 生态效率评价指标体系设计的依据

（1）体现科学发展观的指导思想。科学发展观就是坚持以人为本，树立全面、协调、可持续的发展观，促进经济社会和人的全面发展。科学发展观内容丰富、理论系统完整，具体包括经济发展观、政治发展观、文化发展观、社会发展观、生态发展观等众多思想内容，其中协调经济发展与生态保护的生态经济发展观，是科学发展观内容的体现。生态经济发展的目标是要实现环境保护和经济发展的双赢。认识和发展生态经济必须上升到科学发展观高度，坚持以科学发展观为指导。当前，经济增长的资源环境代价过大已经成为影响我国科学发展的首要问题。温家宝总理指出，经济发展与生态资源环境压力越来越大的矛盾，是当前经济发展的主要矛盾之一，解决这个矛盾需要靠科学发展观，而生态效率评价是有效钱行科学发展观的重要手段之一。黑龙江省作为生态大省之一在其经济发展过程中也存在着同样地问题，因此，黑龙江省在生态经济建设过程中需要充分考察省内不同区域的资源利用和规划，减少各种环境污染物的排放，提高各种能源的使用效率，贯彻科学发展观的指导思想，客观评价黑龙江省的生态效率，要想做到这一点需要对黑龙江省生态效率做出客观公正的判断，生态效率评价在某种意义上已经成为推动经济落实可持续发展的重要形式。生态效率的核心是强调资源利用效用最大化，环境污染排放最小化，使用最小的投入获得最大的产出，充分体现了科学发展观指导思想，因此，生态效率评价指标的选择与科学发展观的指导思想相一致。

（2）体现黑龙江省建设两型社会的目标。2005年3月12日，在举行的中央人口资源环境工作座谈会上，胡锦涛总书记提出要"努力建设资源节约型、环境友好型社会"。党的十六届五中全会上更是指出，要加快建设资源节约型、环境友好型社会。十六届五中全会首次把建设资源节约型和环境友好型社会确定为国民经济与社会发展中长期规划的一项战略任务。黑龙江省响应党中央的号召，同样把建设两型社会作为其经济发展的战略任务。资源节约型社会的核心目标是降低资源消耗强度、提高资源利用效率，减少自然资源系统进入社会经济系统的物质流、能量流通量强度，实现社会经济发展与资源消耗的物质解耦或减量化；环境友好型社会的核心目标则是将生产和消费活动规制在生态承载力、环境容量限度之内，通过生态环境要素的质态变化形成对生产和消费活动进入有效调控的关键性反馈机制，特别是通过分析代谢废弃物流的产生和排放机理与途径，对生产和消费全过程进行有效监控，并采取多种措施降低污染产生量、实现污染无害化，最终降低社会经济系统对生态环境系统的不利影响。可以看出，建设两型社会的关键问题实际上就是解决资源的利用效率和环境污染的排放问题，它和生态效率的内涵在实质上是一致的。根据生态效率的一般定义，即生态效率＝经济增加值/环境破坏，要测算出经济活动的生态效率，必须知道经济活动带来的经济增加值及与之伴生的环境破坏大小，所以生态效率评价指标的选择必然体现黑龙江省建设两型社会的目标。

（3）体现生态效率的内涵。生态效率的内涵是经济增长和物质减量化的同时实现，其实质是实现经济的可持续发展，可持续发展的实质和核心，是处理好生态保护与经济发展关系，只有发展生态经济才能促进生态经济协调发展，即实现经济和环境的双赢。可以这么说，生态效率发展的最终目标就是在保持环境和自然资源质量及其所提供的支持能力的前提下，使经济最大限度的发展。生态效率作为政府及相关决策者的管理工具，有其自己的优越性。生态效率把环境因素看做是生态经济系统投入成本的一部分，把资源能源和污染物的排放都作为成本因素，重点考虑经济发展过程中的环境代价，认为环境作为资源它的利用是有限的，符合经济学中稀缺资源配置的理论。因此，在进行生态效率评价指标体系设计的时候除了要把资源作为投入要素进行研究外，还要把各种非期望产出的环境影响也要作为投入要素进行考虑。

4.2.3   生态效率评价指标体系设计的原则

黑龙江省生态效率评价指标体系的设计是一个涉及黑龙江省经济发展、资源消耗和污染排放等各方面复杂要素的过程。本文设计生态效率评价指标体系的基本思路如图4-1。

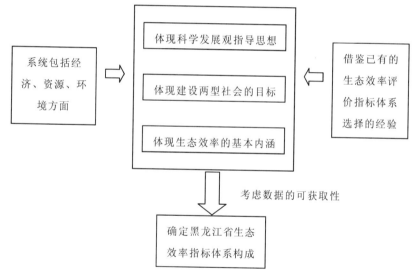

图 4-1   黑龙江省生态效率指标体系设计的依据

Fig. 4-1   Establishingfoundation of eco-efficiency system for Heilongjiang province

首先，生态效率评价指标体系的设计要反映生态评价的特殊性；其次生态效率评价指标的选择要符合科学发展观和和黑龙江省建设两型社会的指导思想和要求；再次，生态效率评价指标体系还要体现生态效率的基本内涵；最后还要参考、借鉴已有的生态效率评价指标体系及其选择经验，使生态效率指标具有普遍的认同性和可操作性。指标体系不是一些指标的简单组合，而是一个建立在科学理论基础上的有机整体。本书在设计黑龙江省生态效率评价指标体系时须遵循以下原则：

（1）系统性原则。系统性原则也称为整体性原则，它要求把被评价对象视为一个系统，以系统整体目标的优化为准绳，协调系统中各分系统的相互关系，使系统完整、平衡。因此，系统性原则要求把生态效率指标体系看作是一个由多个子系统组成的复杂系统，各系统间并不是孤立的，而是相互作用，相互影响的，从而能够全面而综合地反映黑龙江省各地区生态效率的状态程度和趋势。

（2）科学性原则。科学性原则一方面要求设计的指标体系必须使用规范的研究方法，另一方面要求结合研究对象的主要特征，根据研究目的，适当研究，即将一般性与特殊性相结合。这就意味着本研究要结合黑龙江省经济发展和生态大省建设的特征，从生态效率的内涵和全省可持续发展要求的角度设计指标体系。

（3）整体完备性原则。整体完备性原则要求指标体系的设计必须是一个有机整体，以实现对研究对象的准确、全面综合评价。对于黑龙江省而言，评价各地区的生态效率时，选择的指标体系的覆盖面要广，在能够综合地反映黑龙江省各地的生态效率状况时，还要反映出各个区域生态效率系统的动态变化，并能体现出黑龙江省整体生态效率的发展变化趋势。

（4）相对独立性原则。相对独立性原则要求所建立的指标体系是一个层次分明、各要素相互联系的有机整体，指标体系内不同层次的各指标应具有相对独立性。对本研究而言就是要努力做到使选择的每一个指标能够单独反映黑龙江省生态效率某一方面的属性和状态，应避免选择意义相近、相关性高的指标，这样才能做到用尽可能少的指标充分对黑龙江省进行科学合理的评价。

（5）目标性原则。目标性原则要求在设计黑龙江省生态效率指标体系时，需要考虑从不同的角度对黑龙江省生态效率做出全面的评价；不仅要了解各区域自身的生态效率发展状况，还要清楚自己与其他地区生态效率水平的差距，挖掘自身生态效率水平欠缺的原因，找出提高自身生态效率的方向和策略，实现生态效率的最终目标，从而实现黑龙江省的生态、经济和社会三者之间持续稳定健康的发展。

（6）可操作性原则。遵循可操作性原则，即在设计黑龙江省生态效率评价指标时要充分考虑指标的定量化和数据的可获得性。在本书中建立的生态效率指标体系应简明清晰，容易操作并易于理解，指选取指标基本数据应该较易获得。这样才能使评价结果具有可比性，才有可能在信息不完备的情况下做出最真实和客观的衡量和评价。

4.3 黑龙江省生态效率评价指标体系的具体选择

4.3.1 生态效率评价指标的相关文献

关于生态效率评价指标的确立，需要根据生态效率的概念来分析，生态效率的概念简单的地说就是经济增加值与环境影响的比值，即涉及经济价值和环境影响两个方面，而经济价值是产出类指标，环境影响是投入类指标，因此生态效率评价指标在设计时主要考虑产出类和投入类指标的选择，同时针对不同的评价对象指标的选择也有所不同。

针对企业及行业指标的选择，Kristina Dahlstrom and Paul Ekins（2005）对英国的钢铁和铝制品两大行业进行生态效率评价时选取了资源生产率、资源效率和资源强度等三大类共计 11 项指标[36]。我国学者孙源远（2009）结合石化企业的特点，选取了经济类、环境类和资源类等三大类共计 24 项指标，在具体对石化企业的生态效率进行实证研究时，结合投入产出的特性，从 24 项指标中选取了 2 项投入指标，3 项产出指标[53]。陆钟武教授（2005）以钢铁企业为例，运用资源效率、能源效率和环境效率这三个指标，对钢铁企业的生态效率进行计算与分析[38]。

针对国家及区域层面的生态效率评价指标比较典型的是德国的环境经济核算账户中设计的 3 大类 8 小类指标[37]和芬兰的 Hoffren 设计的五种计量国家经济创造福利的生态效率指标[49]。我国学者邱寿丰、诸大建(2007)在借鉴德国环境经济账户中生态效率指标的基础上，构建适合我国国情的生态效率评价指标，具体指标包括土地使用、能源消耗、水消耗、原材料消耗、二氧化硫排放量、废水排放量、国内生产排放、劳动总量等，并运用这些指标分析我国生态效率的变化趋势[39]。李栋雁，董炳南(2010)选取了资源、环境和经济发展三类共 11 个指标对山东省的生态效率进行了实证研究[118]。秦钟、王波等也在选取了资源类、环境类和经济类三大指标的基础上进行了区域生态效率的评价研究。

根据以上国内外关于生态效率评价指标的代表性文献的分析，对生态效率指标进行总结得出表 4-1。

从表 4-1 中，本文可以得到下面的几个结论和启示：

(1)从生态效率评价的对象可以看出，不同的评价对象，生态效率评价指标的选择有所不同。对于企业和行业而言，一般选择经济价值类指标作为分子，如有效原材料产出、有效能源产出、企业的销售收入和企业生产的产品数量等；分母指标一般选择原材料投入、能源投入、总资产及员工人数等；污染排放类指标有的作为分子有的作为分母。而针对区域生态效率的评价，分子则一般选择 GDP；分母选择资源类和环境影响类指标。

(2)在适合区域生态效率的度量指标中，GDP 作为生态效率公式中的分子指标是一个必用的指标，通过文献的分析，还可以看出很多学者为了增加分析的可信度，GDP 都采用不变价的 GDP。从地区的层面来看，经济增加值也是一个很好衡量经济发展水平的指标。从生态效率公式中分母所采用的指标来看，存在的差异略大一些，似乎找不到一个单一的、合理的、令人信服的指标。目前关于区域生态效率的度量指标还没有统一的，官方认可的分析方法，很多方法正在研究中，选用的指标中，存在差异的主要在于分母指标的选择。

（3）同时我们还可以看出，Hoffren 设计的芬兰 Kylnenlaakso 地区的 5 项生态效率评价指标中，有一定程度地涉及社会纬度。把人口、健康、安全、就业、教育、文化等社会性指标纳入生态效率的监测范围。但是总体来看，在生态效率评价指标的设计上，还是侧重于经济、资源和环境三个维度。

表 4-1　生态效率评价指标体系总结

Table 4-1　Summary for evaluating system of eco-efficiency

作者	评价对象	生态效率公式中的分子指标	生态效率公式中的分母指标	
			投入端	产出端
Kristina Dahlstrom and Paul Ekins	英国的钢铁及铝制品行业	有效原材料产出 有效能源产出 经济价值产出	原材料投入 能源投入 单位人工投入	污染物排放量 碳排放量
孙源远	石化企业	销售收入 废水产生量 废渣产生量	总资产 员工人数	
陆钟武	钢铁企业	钢铁企业生产的产品量	天然资源量 投入能源量	排放的废品 排放的污染物
Hartmut Hoh、Karl Schoer and Steffen Seibel	德国	GDP	土地 能源 水 原材料 劳动力 资本	温室气体 酸性气体

（续）

作者	评价对象	生态效率公式中的分子指标	生态效率公式中的分母指标	
			投入端	产出端
Hoffren	Kymenlaakso	GDP EDP ISEW HDI SBM	DMF （直接物质流）	
邱寿丰，诸大建	中国	GDP	土地 能源 水 原材料 劳动力	废水排放 废气排放 固废排放
李栋雁，董炳南	山东	GDP	能源消耗 水资源消耗 土地消耗 劳动力	废水排放 废气排放 固废排放
其他学者	广东 大连 江苏等	GDP	土地 能源 水 原材料 劳动力	废水 废气 固废

4.3.2 生态效率评价指标的选择

本书认为，在设计黑龙江省生态效率评价指标时，除了要遵循前述所提到的原则和依据时，最重要的是，在选择指标体系时，还要考虑到黑龙江省当前统计资料的完全性、工作的难度、尤其是数据、资料的可得性等实际情况，从黑龙江省的经济发展水平和环境发展水平入手来设计适合该区域的生态效率评价指标体系。设计的指标一方面要反映黑龙江省生态效率评价指标体系的特殊性，另一方面要反映黑龙江省生态效率评价指标的投入产出特性。本书认为，生态效率评价指标体系的层次性对于选择和管理指标所测量的生态效率问题具有实践意义，便于对研究对象的机制进行分析。因此本文在研究和借鉴国内外已有成果的基础上，选择经济类、资源类、环境影响类等三大类指标，作为黑龙江省生态效率三方面的评价尺度。

（1）资源类指标：资源是人类赖以生存和发展的重要物质基础，生态经济发展模式要求建立可持续的资源支持系统以及可持续的资源利用方式。在评价生态效率时，资源投入类的指标选择有不同的类型，具体有土地、能源、劳动力等若干种。本文根据生态效率的内涵以及数据的可获得性和典型性，选取最具代表性的指标万元GDP能耗和劳动力就业人数作为资源投入指标。万元GDP能耗表示在一定时期内，一个国家或地区每生产一个单位的国内生产总值所消耗的能源，是能源消费总量与国内生产总值之比。而能源消费总量是指一定时期内，全省各行业和居民生活消费的各种能源的总和，具体包括原煤和原油及其制品、天然气、电力。该指标是反映能源消费水平和节能降耗状况的主要指标，可以衡量一国或一个地区的资源使用效率，且数据公开易获得，所以选择万元GDP能耗作为能源资源类指标。劳动力反映的是人力资源的投入情况。

关于土地这一指标未列入本书选择范围之内，是因为黑龙江省所辖的13市地中，不同地区的土地使用面积不同，差异较大，比如典型的是伊春和大兴安岭两个林业资源型地区，是黑龙江省占地面积最大的两个地区，但是它们的人口却相对较少，而且工业也不发达，如果将土地考虑在内将会导致其评价结果的缺乏合理性。

水资源使用量作为一个比较现实的投入指标，原本也应列入本书评价指标的范围之内，但是限于个别地区数据资料缺失较多，同时考虑到黑龙江省是个农业大省，而农业上用水较多，对环境污染却较少，另外万元GDP能耗在整体上可以衡量一个地区的资源综合使用效率，所以忽略水资源投入因素不影响对黑龙江省13市地生态效率评价结果的可比性。

因此选择万元 GDP 能耗和劳动力指标作为生态效率状态评价的重要尺度，这两个指标既符合联合国世界环境与发展委员会（WCED）提出的可持续发展理论的主张，即经济的发展不能以消耗不可再生资源和破坏我们生存的生态系统作为代价，同时该指标也能反映黑龙江省作为资源大省的能耗状况。

（2）环境类指标：生态环境和经济发展之间的矛盾是可以调和的，这也是发展生态经济的目的所在。生态环境与经济的协调发展是可持续发展的一个重要方面，区域环境状况的好坏在很大程度上取决于经济的发展是否合理，同时经济的发展也为环境的治理提供了必要的物质基础。在评价生态效率时采用的环境影响因素有广义和狭义之分，广义的环境影响包括生态退化和生态失衡，而狭义的环境影响仅包括生态退化的概念。本文借鉴国内外环境影响的文献基础上，深入分析生态效率的内涵，将黑龙江省生态效率的环境影响评价尺度界定为狭义的，选择最有代表性的废水排放量，废气排放量以及固体废弃物排放量等项指标，简称"三废"作为环境类指标。其中废水指标中包括了废水排放量和化学需要量排放量；废气排放量包括了工业废气排放量和二氧化硫排放量；固体废弃物排放量包括了烟尘排放量和工业固体废弃物产生量，基本上包括了终端废弃物的排放。而且数据比较齐全，基本上能近似的表示自然作为排放池的三个不同的功能。

（3）经济类指标：关于经济类指标，在选择时务必要看是否能够反映该地区的经济发展水平，根据国内外绝大多数学者对区域生态效率评价研究的文献，几乎将产出指标无一例外地定为 GDP。GDP作为产出指标具有无比的优越性，因为该经济指标数据权威，统计资料非常齐全，并且可以分解为各个地区的增加值，数据非常容易获得，而且 GDP 可以消除经济波动所带来的价格影响。因此，本文也将 GDP 作为模型的经济产出指标。同时为了消除黑龙江省各地区GDP 由于价格差异而产生的误差，各地区每年的 GDP 变量采用的是以 2005 年的不变价格为基础，计算成平减后的 GDP。

综上所述，本文将资源消耗与环境污染等指标作为投入指标来处理，将经济价值指标 GDP 作为产出指标。同时考虑到数据的可获得性和科学性，具体选择了以下一些指标作来监测黑龙江省的经济发展情况，具体见表4-2。

表4-2　生态效率评价指标体系

Table 4-2　Evaluating system of eco-efficiency

指标类型	指标类别	具体指标	单位
投入指标	资源类指标	万元 GDP 能耗	吨标准煤/万元
		劳动力从业人数	人
	环境类指标	废水	万吨
		废气	万标立方米
		固废	万吨
产出指标	经济类指标	GDP	亿元

4.4　本章小结

本章深入分析了黑龙江省经济、资源和环境的现状，指出尽管黑龙江省在强调低碳绿色发展，做好节能减排，发展循环经济，建设生态大省的同时取得了一定的成绩，但也存在资源过度消耗与环境污染加剧等方面的问题；为了正确客观公正地评价这一现象和问题，本文结合黑龙江省的具体情况，分析了生态效率评价指标所具有的特殊性，研究了生态效率评价指标设计的依据和应遵循的原则；梳理了当前生态效率评价指标的文献，在此基础上对黑龙江省生态效率评价指标体系进行了分析与选择，具体包括经济、资源和环境三大类，其中，把资源和环境作为投入类指标，把经济类作为产出指标，从而为后文的生态效率评价奠定了基础。

5

基于全要素视角的黑龙江省区域生态效率评价

　　运用科学合理的评价方法对黑龙江省生态效率进行具体的评价，是实现黑龙江省经济可持续发展的一个重要步骤。本章在全要素视角下运用 DEA 和 MPI 的模型和方法对黑龙江省 13 市地的生态效率分别进行动态和静态的分析，目的是要了解不同区域经济发展的环境质量、环境发展水平及主要制约因素，了解其节能减排的潜力，明确其发展方向和重点，为管理当局的决策提供相应的参考依据，为黑龙江省经济实现可持续发展的战略提供理论参考。

5.1　样本数据选取和描述统计分析

5.1.1　样本数据选取

　　限于统计数据资料的可得性以及统计数据口径的一致性、全面性和连续性，本文最早能够从《黑龙江省统计年鉴》中获得的可用数据是起始于 2005 年，最新数据截至 2009 年，因此，本书将研究期间定位在 2005～2009 年。样本地区则是选取在黑龙江省的 13 个市地。

　　需要加以说明的是，由于投入变量选取的数据中工业废水排放总量的单位是万吨、工业废气排放量的单位是万标立方米、工业固体废弃物产生量是万吨、单位 GDP 能耗是吨标准煤/万元、及就业人数是人、都不是价值指标，因此，不需要进行平减只有产出数据的 GDP 是货币价值量指标(亿元),需要进行平减处理,在平减时以 2005 年底作为基期,采用每年各地区的 GDP 平减指数对 2006~2009 年黑龙江省的 13 个市地的 GDP 进行平减。同时需要说明的是本研究所有数据均来源于《黑龙江省统计年鉴》(2006~2010)。

5.1.2 样本数据统计描述分析

现将经过平减整理后的黑龙江省 13 市地的 GDP 从 2005~2009 年共 5 年的平均数以及每个地区的废水、废气、固废、单位 GDP 能耗和就业人数等指标的平均数汇总整理成表 5-1。

表 5-1 黑龙江省 2005~2009 各项投入及产出指标平均值

Table 5-1 Means of all index for input and outcome of Heilongjiang province in 2005~2009

	GDP (亿元)	废水 (万吨)	废气 (万标立方米)	固废 (万吨)	单位 GDP 能耗 (吨标准煤/万元)	就业人数 (人)
哈 尔 滨	2489.9	3869.0	1057.7	1151.5	1.4	1481154
齐齐哈尔	566.8	6670.6	809.3	339.8	1.7	346864
鸡 西	277.3	1418.9	497.6	604.7	2.2	206091
鹤 岗	157.4	2930.6	275.0	329.4	2.5	163333
双 鸭 山	217.8	703.2	831.6	393.7	1.9	147456
大 庆	1856.4	8508.1	1254.2	247.0	1.4	541743
伊 春	150.5	1554.5	254.6	163.9	2.1	206806
佳 木 斯	337.9	3859.1	620.4	129.8	1.3	193601
七 台 河	157.2	1475.5	460.3	481.3	3.1	153630
牡 丹 江	440.9	5645.2	610.1	205.0	1.4	282114
黑 河	171.3	179.5	151.6	47.2	1.2	121370
绥 化	470.8	1155.9	126.4	39.2	1.0	245526
大兴安岭	61.4	722.8	54.1	12.9	1.3	93530

将表5-1的数据进行基本的数理统计后便形成表5-2的结果：

表5-2 黑龙江省各项投入产出数据的统计描述

Table 5-2 Statistical description of all input and

outcome data for Heilongjiang province

	GDP	废水	废气	固废	单位能耗	就业人数
平均值	565.82	2976.38	538.68	318.88	1.73	321786
中间值	277.30	1554.50	497.60	247.00	1.40	206091
标准差	739.65	2598.57	372.47	307.01	0.60	101893
最小值	61.40	179.50	54.10	12.90	1.00	93530
最大值	2489.90	8508.10	1254.20	1151.50	3.10	1481154
最大/最小	40.55	47.40	23.18	89.26	3.10	16

从表5-1和表5-2中初步可以得出下述几点结论：

(1)各市地经济发展水平差距很大。其中，从2005～2009年，黑龙江省份的近5年的GDP平均值的统计标准差高达739.65亿元，高于其平均值565.82亿元，甚至是其中间值277.30亿元的2.67倍；其中最大值为2489.90亿元(哈尔滨)，而最小值仅为61.40亿元(大兴安岭)，前者约是后者的40.55倍，所以黑龙江省内的13个市地的经济发展极为不平衡。

(2)全省各市地的经济活动对环境造成的影响差异较大。其中，工业废水排放总量、工业废气排放总量和工业固体废弃物产生总量等3个环境影响指标的标准差分别为2598.57万吨、372.47万标立方米和307.01万吨，它们的最大最小值之比分别高达47.40、23.18和89.26倍。

(3)各市地经济生产活动的生态效率并非等同，而且基于不同的单个环境影响指标的生态效率差异较大。其中，分别用工业废水排放总量、工业废气排放总量和工业固体废弃物产生总量作为环境影响指标时，各市地的平均生态效率分别为0.255亿元/万吨、1.086

亿元/万标立方米和 3.018 亿元/万吨，标准差分别为 0.27 亿元/万吨、0.972 亿元/万标立方米和 3.4 亿元/万吨，最大最小值之比也较高，分别为 17.768、14.222 和 36.772 倍。显然，这一结果充分表明仅用单个环境影响指标来测度生态效率具有很大的片面性，从而难以通过简单加总来得到一个综合各种环境影响指标的生态效率值，而基于 DEA 的环境绩效测度思路正好能够解决这些问题。

5.2　基于 DEA 的黑龙江省静态生态效率分析

本书使用 DEAPversion2.1 软件，根据基于投入导向的 CCR 模型和基于投入导向的 BCC 模型测算得到 2005 ~ 2009 年的关于黑龙江省 13 个市地环境生产的综合技术效率(Technical Efficiency，TE)和纯技术效率(Pure Technical Efficiency，PTE)以及规模效率(Scale Efficiency，SE)的结果。具体操作是先利用 CCR 模型求出黑龙江省各市地环境生产的综合技术效率值(TE)，然后以 BCC 模型求出各市地环境生产的纯粹技术效率值(PTE)，进而，根据规模效率 = 技术效率/纯粹技术效率值，即可得到各市地环境生产的规模效率值(SE)，同时根据 DEAP-version2.1 软件经计算后，还可得出每个市地环境生产的规模效率所处的规模报酬状态。其中，IRS(Increasing Returns to Scale)表示决策单元处于规模报酬递增状态，CRS(Constant Returns to Scale)表示决策单元处于最优规模状态(即规模报酬不变状态)，DRS(Decreasing Returns to Scale)表示决策单元处于规模报酬递减状态。

需要说明的是无论是 CCR 模型下计算的综合技术效率还是 BCC 模型下求得的纯技术效率都代表着生态效率的结果，只不过 CCR 模型下计算的生态效率(综合技术效率)表示的是基于规模报酬不变假设下的结果；BCC 模型下求得的生态效率(纯技术效率)表示的是规模报酬可变假设下的结果。因此在下文中出现的无论综合技术效率还是纯技术效率均表示生态效率。

5.2.1 基于 DEA – CCR 的生态效率分析

基于 DEA – CCR 模型下求得的结果是在基于 CRS 条件下，运用投入导向的 DEA 模型所计算的技术效率，所代表的是在当前给定产出的情况下每个 DMU 使用最小投入获得该同等产出的能力，也就是说将现有投入资源所能压缩到的最优投入水平。若经过 DEA – CCR 求得的某个 DMU 的技术效率值等于 1，代表该 DMU 位于有效生产前沿面上，处于技术有效状态，表示该 DMU 以有效率的方式生产。基于 DEA – CCR 模型下求得的技术有效率是这样一种状态：当投入不再增加时，产出也就无法增加；若技术效率值小于 1 代表该 DMU 脱离有效生产前沿面上，因而可以通过在保持产出水平不变的情况下，减少相关的各项投入指标来进行优化；可称之为技术无效率，存在着技术效率的损失。

将历年收集到的黑龙江省 13 市地的 GDP、就业人数、单位 GDP 能耗和各种环境影响的数据代入到基于投入导向的 DEA – CCR 模型后，算得的黑龙江省 13 市地每年的生态效率值汇总形成表 5-3。

表 5-3　基于 DEA – CCR 下求得的黑龙江省份 13 市地生态效率结果

Table 5-3　Eco-efficiency scores of 13 areas in Heilongjiang province based on the model of DEA – CCR

	2005	2006	2007	2008	2009	平均
哈 尔 滨	1	1	1	1	1	1.000
齐齐哈尔	0.453	0.486	0.467	0.521	0.644	0.514
鸡　　西	0.602	0.586	0.572	0.627	0.709	0.619
鹤　　岗	0.344	0.377	0.295	0.339	0.367	0.344
双 鸭 山	0.674	0.774	0.746	0.784	0.807	0.757
大　　庆	1	1	1	1	1	1.000
伊　　春	0.27	0.332	0.348	0.368	0.335	0.331
佳 木 斯	0.484	0.556	0.541	0.632	0.671	0.577

（续）

	2005	2006	2007	2008	2009	平均
七 台 河	0.271	0.394	0.481	0.499	0.486	0.426
牡 丹 江	0.482	0.533	0.54	0.579	0.538	0.534
黑　　河	1	1	1	1	1	1.000
绥　　化	1	1	1	1	1	1.000
大兴安岭	0.331	0.459	0.375	0.467	0.554	0.437
全省平均	0.609	0.654	0.643	0.678	0.701	0.657

通过表 5-3 中可以看出：①5 年来，生态效率水平均值为 1 的地区有哈尔滨、大庆、黑河和绥化等四个市地，即它们的生态效率水平达到了有效生产前沿面状态，为生态效率技术有效；占全部样本的 30.77%。②生态效率水平均值低于 1 的地区有齐齐哈尔、鸡西、鹤岗、双鸭山、伊春、佳木斯、七台河、牡丹江和大兴安岭等 9 个地区，这些地区处于生态效率无效状态，占全部样本的 69.23%；在生态效率无效地区中，资源型地区就占了 6 个，占全部无效地区的 2/3。③生态效率技术有效地区和无效地区之间的差距较大，生态效率技术无效地区的均值仅为 0.504，勉强达到生态效率有效地区技术效率值的一半；而大量非有效和低效率生产前沿地区的存在，导致全省平均的生态效率值仅为 0.657 的低效水准。④在生态效率技术无效地区中，尽管双鸭山市的生态业绩相对最好，但是其五年来的平均生态效率也仅为 0.757，大大脱离有效生产前沿面，而鹤岗、伊春、七台河和大兴安岭等资源型地区的平均生态效率水平竟然都在 0.5 以下，显示出极低的生态效率水平，除上述外，未提到的煤炭型资源地区——鸡西也不过才 0.619；可见，改善资源型地区的生态效率水平是提升黑龙江省整体生态效率的重点所在。

为何哈尔滨、大庆、黑河和绥化四个地区的生态效率位于有效生产前沿面，而剩余其他 9 个地区的生态效率相对低下，本文将结合各地的实际情况做详细的分析。

首先,对于达到有效生产前沿面的哈尔滨来说:自 2006 年以来,哈尔滨市加大了松花江流域水污染治理和工业企业污染治理力度,何家沟平房污水处理工程、哈药集团制药总厂水污染治理及 5000 吨/日中水回用工程等 8 个项目已获批复,被列入"十一五"松花江流域综合治理项目;并暂缓了双城"301"采油项目等存在环境安全隐患项目的审批;对哈尔滨气化厂、哈尔滨高科等 32 家不稳定达标排放废水的工业企业、134 家综合性医疗机构及 272 家餐饮单位进行了整改。同时,亚麻厂、大众肉联厂等 11 家重点排污企业正在实施异地搬迁改造计划,现都已破土动工。目前,哈尔滨市已有 81 家企业完成了规范化清洁生产审核,六成省控重点企业排放达标。

2007~2008 年间,哈尔滨市重点进行了城市环境基础设施建设、城市集中供热建设等,先后拆除燃煤锅炉 970 台,拆除大烟囱 1115 座。在 2008 年的百个生态和环境保护项目中,锅炉减排项目最多,包括哈尔滨华能集中供热有限公司锅炉脱硫等供热锅炉减排项目,哈尔滨新哈精密轴承股份有限公司除尘器改造等企业减排项目,共有 37 项。

其次对于大庆来说,在水环境治理方面,重点推进油田公司井下作业溢流回收工程和污水配聚试验工程、石油管理局甲醇厂污水回用工程、石化公司炼油污水回用工程、乙烯化工污水回用工程和排泥水回用工程、炼化公司化工污水回用工程等工程建设,实现工业污水减量化、无害化、资源化。按照建设特大型城市的要求,重点推进西城区污水处理厂、八百垧污水处理厂、陈家大院泡污水处理厂、东城区污水处理厂二期工程、龙凤污水处理厂和卧里屯污水处理厂等工程建设,以大型生活污水处理厂覆盖主城区、中型污水处理厂覆盖外围集中居住区、小型污水处理厂覆盖分散的小型居住区,形成城镇生活污水处理网络。

在大气环境治理方面,重点推进石化公司热电厂烟尘治理工程和成品罐区改造工程、炼化公司糠醛伴生气治理工程、石化公司酸性气硫黄回收工程、黑龙江石化有限公司催化再生烟气及火炬气回收工程等建设，减少工业废气的排放，提高回收利用率。重点实施油田热电厂储灰场搬迁工程，将原储灰场移出主城区，消除灰场二次扬尘对环境的污染。引进油烟净化设施，加强饮食业油烟的净化处理，实现饮食业油烟有组织达标排放。加强汽车尾气排放管理，推广使用天然气汽车、电动汽车、甲醇汽车等低污染汽车，鼓励使用高效、节能燃料，减少机动车排气对环境的污染。

在固体废弃物治理及资源化利用方面，大力支持固体废弃物综合利用项目开发建设，重点推进粉煤灰建材、复合硅酸盐水泥、粉煤灰化学建材、保温节能轻质材料、粉煤灰复合肥、粉煤灰固化等工程建设，加速粉煤灰利用规模化、产业化，提高综合利用率。加强工业危险废弃物、城市垃圾、医疗废弃物处理等工程建设，重点推进大庆龙铁公司医疗废弃物集中处理厂和西城区、红岗区、采油七厂垃圾处理厂建设，并结合城市发展需要，提高处理能力和水平。

再次，针对绥化地区来讲，其生态效率之所以一直位于有效生产前沿面，在于自 2000 年被国家环保总局批准为国家级生态示范区建设试点地区以来，绥化市坚持生态保护与污染防治并重的方针，积极推进节能减排和城乡环境综合整治，使城乡人居环境和生态环境得到了持续改善、恢复和保护。

作为新兴城市，绥化市在城市环境基础设施建设上十分注重生态保护。近五年来全市共投入资金近 100 亿元，促进了城镇给排水、集中供热、垃圾处理、医疗垃圾处理、污水处理、饮用水水源地等基础设施建设全面展开。投资 12.23 亿元，建设完成城市污水处理厂 10 处，日处理能力 27.5 万吨。市本级建成了日处理 600 吨的生活垃圾无害化填埋场，建成医疗废弃物处置中心，城区绿化覆盖率达到 32.39%。实行城市集中供热，拔掉大烟囱近 400 处，同时，对市区 79 家烟尘污染严重的洗浴单位和 100 余台群众反映强烈的散烧稻壳锅炉进行了整治，使空气环境质量符合和优于国家二级标准的天数由 200 天增加到 300 天。在饮食服务业和洗浴行业中强制推广新型清洁能源，现使用率已达到80%以上。

在产业发展上，绥化市淘汰落后产能，推进节能减排，先后关闭了53家规模以下的小糠醛、小酒精、小造纸等耗能高、污染重的企业。新、扩、改建项目增产不增污，近年来先后有20多个项目因不符合环保准入条件被拒之门外，环境影响评价制度执行率和项目环保验收合格率达100%。在农村环境治理上，大力发展循环经济。近年来，绥化市严格控制城市、工业、建筑用地和土地整理，使耕地得到了有效保护，实现了占补平衡。大力推行封育、人工种植、禁牧、轮牧、禽畜舍饲圈养、喷灌、滴灌、微灌等节水技术和沟渠硬化工程，草场生产力大幅提高，水资源得到最大限度的利用。目前，单位面积产草量由2000年的不足50公斤/亩增加到现在的75公斤/亩。全市已建成养殖小区360个，集约化养殖场1.1万个，养殖专业户10万个。广泛推广太阳能技术，建设高标准太阳能保温房5万平方米，太阳能保温猪舍15.3万平方米。沼气利用为主体的农村生态能源得到迅速发展。目前，共建成农村户用沼气池5000个，年产沼气近100万立方米、沼肥超30万吨，年可节约标煤600多吨，减少化肥投入400多吨。

最后，关于黑河地区，在"十一五"期间，该市认真贯彻落实国家和省关于节能减排工作总体部署，加快推进产业结构调整，加大节能减排工程建设力度，加强节能减排日常管理和年度目标任务管理，全市在保持经济持续快速发展的同时，节能减排工作也取得明显成效。首先，黑河市以产业结构优化升级为重点，严格控制新建高耗能、高污染项目。从改造和淘汰高能耗、高污染的行业入手，通过改造落后生产工艺和生产设备，加快推进产业结构向节能型、环保型转变。关停了嫩江多宝山铜矿自备电厂、北安市裕龙钢厂，淘汰了北安市新生机械厂高耗能轧钢机2台、黑河市支路等实心粘土砖厂6家，对黑河嘉盈硅业有限公司4台低效矿热炉、五大连池国昌热力公司2台落后锅炉进行了淘汰落后产能技术改造，提高能耗利用效率。建立了淘汰落后产能退出机制，完善和落实关闭企业的配套政策措施。

积极谋划重点节能减排项目，建立了节能减排项目库，积极争取将节能减排项目列入国家、省规划备选项目，并在节能、减排、资源综合利用等方面争取到了国家、省建设资金近2亿元。开工新建、续建了爱辉区金湾水电站、黑河海澜热电厂、孙吴热电厂、黑河市盛泰新型建材公司利用粉煤灰生产砌块项目、黑河市及6县（市）区棚户区改造和农村户用沼气工程18项节能工程。实施了黑河热电厂、国电北安热电公司、逊克蓝天热力公司、五大连池市鑫源热力公司、嫩江县海信热力公司和五大连池风景区6项燃煤工业锅炉节能改造工程。推进节能服务产业发展，成立了全市第一家节能服务公司，对北安热电公司、黑河阳光伟业硅材料公司等重点企业开展了合同能源管理项目服务。建成了黑河市污水和垃圾处理工程、嫩江县、五大连池市污水治理工程，以及北安市水源地污染防治等项目。

发挥各级政府、部门节能减排管理作用，针对全市重点耗能污染企业制定并落实了各项节能减排措施，促进了重点能耗污染企业节能减排增效。制定了工业企业节能减排工作方案，对重点耗能污染企业下达年度能耗减排指标，签订责任书，建立了定期报表和企业负责人备案制度。推进热电、建材、工业硅等重点行业节能减排，对12家重点耗能企业配备了节能计量设备，对8家国家重点监控企业安装染源监控设备，强化了对企业能耗、污染物排放监控手段。积极指导企业实行清洁生产，促进企业实现资源综合利用。

齐齐哈尔、鹤岗、伊春和七台河的平均效率水平在0.5以下的原因在于，它们基本上属于相对较高的能源消耗、污染排放以及经济发展却相对低下的地区，因而其生态效率较为低下，比如七台河的万元GDP的单位能耗竟然5年平均竟然达到3.1，伊春、鹤岗也分别超过了2的高能耗水平，除了大兴安岭地区外，伊春和鹤岗的经济发展水平分别排在全省经济发展的倒数第二和第三位，是在黑龙江省中最不发达的市地。而关于这些生态效率技术无效地区的具体深层次的原因,本文将在后面(偏要素生态效率分析中)做进一步的挖掘。

5.2.2 基于 DEA – BCC 的生态效率分析

基于 DEA – BCC 求得的是某个 DMU 的纯技术效率(Pure Technical Efficiency),它代表当前样本点生产与规模报酬变动的生产前沿之间的技术水平运用的差距。可以理解为除了规模经济性和投入要素配置过程中的可处置性以外的相对效率水平,反映的是由于价格机制、经营管理水平和技术水平不同所造成的非规模经济性和要素可处置性的效率差距。由于技术效率是由纯技术效率和规模效率组成的,即 TE = PTE + SE,因此,纯技术效率值就是将规模因素剔除,分析在短期内不含规模因素情况下决策单元的效率。

将历年收集到的黑龙江省 13 市地的 GDP、就业人数、单位 GDP 能耗和各种环境影响的数据代入到基于投入导向的 DEA – BCC 模型后,算得的黑龙江省 13 市地每年的生态效率值汇总形成表 5-4。

表 5-4　基于 DEA – BCC 的黑龙江省 13 市地生态效率计算结果

Table 5-4　Eco-efficiency scores of 13 areas in Heilongjiang

province based on the model of DEA – BCC

	2005	2006	2007	2008	2009	平均
哈尔滨	1	1	1	1	1	1.000
齐齐哈尔	0.671	0.672	0.669	0.706	0.763	0.696
鸡　　西	0.714	0.682	0.686	0.705	0.851	0.728
鹤　　岗	0.753	0.708	0.67	0.693	0.669	0.699
双鸭山	0.841	0.86	0.837	0.94	1	0.896
大　　庆	1	1	1	1	1	1.000
伊　　春	0.55	0.569	0.579	0.585	0.585	0.574
佳木斯	0.848	0.862	0.876	0.893	0.905	0.877
七台河	0.712	0.736	0.726	0.802	0.806	0.756

（续）

	2005	2006	2007	2008	2009	平均
牡 丹 江	0.764	0.76	0.775	0.803	0.762	0.773
黑 河	1	1	1	1	1	1.000
绥 化	1	1	1	1	1	1.000
大兴安岭	1	1	1	1	1	1.000
全省平均	0.835	0.835	0.832	0.856	0.872	0.846

根据 Norman and Barry（1991）对决策单位纯技术效率值强度将 DMU 区分为四类：

（1）强势效率单位；该单位的生态效率值为 1，且被其他 DMU 参照的次数较多，一般在 3 次以上，除非有重大改变，否则该 DMU 通常可保持其前沿效率水平。

（2）边缘效率单位：该单位的生态效率值也达到了 1 的水平，只不过是被其他 DMU 参照的次数较少，一般在 3 次以下（包括出现在自己的参照集合中，隐含着该单位有着与其他单位不同的特征），表示投入产出稍有变动，其整体效率便会改变。

（3）边缘非效率单位；此单位的效率值介于 0.9 和 1 之间，表示只要在投入和产出方面稍作调整即可达到生态效率值为 1 的水准。

（4）明显非效率单位：该单位的效率值在 0.9 以下，表示其经营效率较差，不易达到效率前沿水平。

依照 Norman and Barry 的分类，本文将表 5-4 中黑龙江省在 2005～2009 年的生态效率值为 1 的市地以及被参照的次数统计形成表 5-5。

表5-5　2005~2009 生态效率有效城市被参照次数统计结果

Table 5-5　Times ofreferenced by others for pure technical efficiency areas in 2005~2009

	2005	2006	2007	2008	2009
哈尔滨	0	0	0	0	6
大　庆	7	5	5	5	5
黑　河	7	8	8	8	5
绥　化	4	4	4	3	3
大兴安岭	4	3	3	3	5

可以看出，大庆、黑河、绥化和大兴安岭等地区是属于强势生态效率技术单位，而哈尔滨只有在 2009 年才成为强势生态效率技术单位，在其他年份里只是边缘生态效率技术单位，所以一旦改变投入或产出成分，其效率值可能就会偏离有效生产前沿面。

除了生态效率位于有效生产前沿面地区的上述 5 个市地外，其他 8 个地区都是处于明显非效率单位状况，至于这 8 个地区未能达到有效生产前沿地区具体原因，本书将在下一章偏要素生态效率分析中予以详细的阐述。

5.2.3　基于 DEA 的规模效率分析

规模效率(Scale Efficiency，SE)反映生产规模的有效程度，即规模效率反映了各决策单元是否在最合适的投资规模下进行经营。即衡量规模报酬不变的生产前沿与规模报酬变动的生产前沿之间的距离，衡量决策单元是否处于最佳规模状态。最佳规模的经济学意义，也就是所谓最适规模，是指生产单元处于平均成本曲线最低点时的生产状态。当规模效率值等于 1 时，表示该省份具有规模效率；若规模效率值小于 1，则表示规模无效率。规模无效率既有可能处于规模报酬递增的情形，也有可能处于规模报酬递减的情形，需进一步进行分析。经过 DEA 求得的黑龙江省 13 市地的规模效率统计结果形成表5-6。

表5-6 黑龙江省13市地规模效率统计结果
Table 5-6 Statistical results of scale efficiency for 13
areas in Heilongjiang province

	2005	2006	2007	2008	2009	平均	状态
哈尔滨	1	1	1	1	1	1.000	–
齐齐哈尔	0.676	0.724	0.697	0.738	0.845	0.736	irs
鸡 西	0.842	0.859	0.834	0.889	0.833	0.851	irs
鹤 岗	0.456	0.533	0.44	0.489	0.548	0.493	irs
双鸭山	0.802	0.9	0.891	0.833	0.807	0.847	irs
大 庆	1	1	1	1	1	1.000	–
伊 春	0.491	0.583	0.601	0.629	0.572	0.575	irs
佳木斯	0.571	0.645	0.618	0.708	0.741	0.657	irs
七台河	0.381	0.535	0.663	0.621	0.604	0.561	irs
牡丹江	0.631	0.702	0.697	0.721	0.706	0.691	irs
黑 河	1	1	1	1	1	1.000	–
绥 化	1	1	1	1	1	1.000	–
大兴安岭	0.331	0.459	0.375	0.467	0.554	0.571	irs
全省平均	0.706	0.765	0.755	0.777	0.785	0.758	

从表5-6中可以看出，除了达到有效生产前沿面的地区外，其他地区的规模效率并不高，基本上都在0.9以下的水平，说明难以发挥规模效率是制约这些地区未能达到有效生产前沿面的主要瓶颈。并且，对于未能达到有效生产前沿面的地区的规模状态都是处于规模报酬递增的态势，说明通过提升其规模效率来提升其综合环境生产技术的途径，具有很大的潜力。

5.2.4 各种要素投入的敏感性分析

由于数据包络分析法是以非预设生产函数来估算各DMU的相对

效率，因此通过 DEA 所确定的有效生产前沿面是由各被评价单位中最具相对效率的 DMU 所勾勒出的包络曲线，位于有效生产前沿面上的各个点表达了各 DMU 所能达到的最大效率值，因此当 DMU 的个数有所变动、投入产出项选取不同或项目数值改变时，均可能影响包络曲线的形状与位置，也就是说数据包络分析法具有相当的敏感度。本书在对各种投入的资源和环境影响进行变动后，观察黑龙江省 13 市地的生态效率值的变化敏感情况，并根据其敏感程度大小，了解每个市地的相对优势或劣势的环境或资源或环境影响项目。

具体做法是：每次分别将一种资源或环境影响从投入要素中去掉，然后进行剩余各种资源、环境影响和 GDP 之间的生态效率分析，求出各市地的生态效率值，再将其与原先基于全部资源和环境影响的生态效率值进行比较，从而找出前后效率值变动较大的地区，也就是效率变化比较敏感的地区。需要说明的是，如果在忽略某种资源或环境影响后，某个地区的生态效率值比原来变大的话，说明该种资源或环境影响是该地区生态效率评价体系中的劣势项目，反之则为优势项目。

5.2.4.1 忽略废水的敏感性分析

如果将废水的环境影响去掉后，那么黑龙江省 13 市地的生态效率结果又会如何呢，本书分别计算 CCR 和 BCC 下两种模型处理的结果，并进行分析。

表5-7 忽略废水后的黑龙江省 13 市地 CCR 生态效率计算结果

Table 5-7 Eco-efficiency score of 13 areas in Heilongjiang province after overlooking the waste water under the CCR model

	2005	2006	2007	2008	2009
哈 尔 滨	1	1	1	1	1
齐齐哈尔	0.453	0.486	0.467	0.521	0.405
鸡 西	0.493	0.407	0.41	0.521	0.562
鹤 岗	0.344	0.377	0.295	0.339	0.374

（续）

	2005	2006	2007	2008	2009
双鸭山	0.429	0.565	0.494	0.541	0.439
大　庆	1	1	1	1	1
伊　春	0.256	0.332	0.348	0.31	0.333
佳木斯	0.484	0.556	0.541	0.632	0.579
七台河	0.271	0.364	0.307	0.385	0.432
牡丹江	0.482	0.533	0.442	0.493	0.505
黑　河	0.583	0.686	0.622	0.695	0.523
绥　化	1	1	1	1	1
大兴安岭	1	0.388	0.358	0.384	0.752
全省平均	0.6	0.592	0.56	0.602	0.608

表5-8　忽略废水后的黑龙江省13市地BCC生态效率计算结果

Table 5-8　Eco-efficiency score of 13 areas in Heilongjiang province after overlooking the waste water under the BCC model

	2005	2006	2007	2008	2009
哈尔滨	1	1	1	1	1
齐齐哈尔	0.671	0.672	0.669	0.706	0.703
鸡　西	0.709	0.682	0.686	0.705	0.644
鹤　岗	0.753	0.708	0.67	0.693	0.622
双鸭山	0.831	0.86	0.837	0.94	0.71
大　庆	1	1	1	1	1
伊　春	0.55	0.569	0.579	0.585	0.612
佳木斯	0.848	0.862	0.876	0.893	0.88
七台河	0.708	0.736	0.726	0.802	0.753
牡丹江	0.764	0.76	0.775	0.803	0.856

（续）

	2005	2006	2007	2008	2009
黑　　河	1	1	1	1	1
绥　　化	1	1	1	1	1
大兴安岭	1	1	1	1	1
全省平均	0.833	0.835	0.832	0.856	0.829

将表 5-3 和 5-7 对比的结果便形成了表 5-9 的结果。

表 5-9　2005～2009 年黑龙江省 13 市地忽略废水后的 CCR 生态效率下降幅度

Table 5-9　Eco-efficiency declining extent of 13 areas in Heilongjiang province after overlooking the waste water under the CCR model during 2005～2009

	2005	2006	2007	2008	2009	平均
哈尔滨	0.00	0.00	0.00	0.00	0.00	0.00
齐齐哈尔	0.00	0.28	0.30	0.26	0.04	0.18
鸡　　西	0.18	0.40	0.40	0.26	0.12	0.27
鹤　　岗	0.00	0.47	0.56	0.51	0.00	0.31
双 鸭 山	0.36	0.34	0.41	0.42	0.40	0.39
大　　庆	0.00	0.00	0.00	0.00	0.00	0.00
伊　　春	0.05	0.42	0.40	0.47	0.14	0.30
佳 木 斯	0.00	0.35	0.38	0.29	0.00	0.20
七 台 河	0.00	0.51	0.58	0.52	0.14	0.35
牡 丹 江	0.00	0.30	0.43	0.39	0.12	0.25
黑　　河	0.42	0.31	0.38	0.31	0.48	0.38
绥　　化	0.00	0.00	0.00	0.00	0.00	0.00
大兴安岭	0.00	0.61	0.64	0.62	0.00	0.37

从表 5-9 中可以看出：通过把废水环境影响忽略后，黑龙江省

13 市地测算出的基于 DEA – CCR 下的生态效率基本上都呈现出下降趋势，而且下降幅度还很大，只有个别地区对忽略废水后的生态效率保持不变，像哈尔滨、大庆和绥化地区不论是否将废水的环境影响包括在内，其前后计算的结果均没有任何变化，即一直保持在有效生产前沿面状态，这说明废水的环境影响对上述三地的综合生态效率的计算没有任何影响。

而对其他地区的生态效率则具有较大的影响，像大兴安岭地区，在 2006 ~ 2008 年间，如果要是把废水的环境影响忽略后，其生态效率下降幅度每年都在 60% 以上，足见其废水生态效率对其综合生态效率的影响；黑河地区在忽略废水的环境影响后，其由有效生产前沿面状态转变至低效率状态，而其下降幅度也是位居前列，年均达 38% 之多；双鸭山市是年均下降幅度最大的地区，平均每年下降幅度达 39%，而即使是下降幅度最小的齐齐哈尔的年均下降幅度也在 18% 的高水平上。

所以说废水这种环境影响是上述地区的优势项目，一旦被忽略，则直接导致上述地区生态效率的大幅下降。

将表 5-4 和 5-8 对比的结果便形成了表 5-10 的结果：

表 5-10　2005 ~ 2009 年黑龙江省 13 市地忽略废水后的 BCC 技术效率下降幅度

Table 5-10　Eco-efficiency declining extent of 13 areas in Heilongjiang province after overlooking the waste water under the BCC model during 2005 ~ 2009

	2005	2006	2007	2008	2009
哈 尔 滨	0	0	0	0	0
齐齐哈尔	0	0	0	0	0
鸡　　西	0.01	0	0	0	0.21
鹤　　岗	0	0	0	0	0
双 鸭 山	0.01	0	0	0	0.28
大　　庆	0	0	0	0	0

（续）

	2005	2006	2007	2008	2009
伊　春	0	0	0	0	0.03
佳木斯	0	0	0	0	0
七台河	0.01	0	0	0	0
牡丹江	0	0	0	0	0
黑　河	0	0	0	0	0
绥　化	0	0	0	0	0
大兴安岭	0	0	0	0	0

通过表 5-10 可以看出，在忽略废水的环境影响后，黑龙江省 13 市地在基于 DEA - BCC 模型下测算出的生态效率，基本上没有任何改变，不像对在基于 DEA - CCR 模型下测得的生态效率变化的差异显著，只有鸡西和和双鸭山在 2009 年的效率变化幅度达 20% 以上，其他地区则基本上没有变化或者极小幅度的变化。根据前面的公式：规模效率 = CCR 技术效率/BCC 技术效率，由于忽略废水环境影响对 DEA - CCR 模型下计算的生态效率产生重大影响，而对 DEA - BCC 模型下测算出的生态效率基本上没有影响，因此本文可以推断：忽略废水的环境影响必然对那些为处于有效生产前沿面的地区的规模效率产生了重大影响，并导致了它们规模效率的大幅下降。

总结起来，废水项目是黑龙江省大部分地区（主要是非有效生产前沿面地区）的综合技术效率和规模效率的优势项目，即一旦被忽略，将会导致黑龙江省大部分地区的总体生态效率水平和规模效率水平大幅下降。

5.2.4.2　忽略废气的敏感性分析

将废气的环境影响忽略后，将其余的数据代入 CCR 和 BCC 模型后及结果分别形成表 5-11 和表 5-12。

表5-11 忽略废气后的黑龙江省13市地CCR生态效率计算结果

Table 5-11　Eco-efficiency score of 13 areas in Heilongjiang province
after overlooking the waste gas under the CCR model

	2005	2006	2007	2008	2009
哈 尔 滨	1	1	1	1	1
齐齐哈尔	0.401	0.458	0.449	0.521	0.424
鸡　　西	0.602	0.586	0.572	0.627	0.64
鹤　　岗	0.245	0.31	0.273	0.313	0.334
双 鸭 山	0.674	0.774	0.746	0.784	0.729
大　　庆	1	1	1	1	1
伊　　春	0.27	0.313	0.322	0.368	0.389
佳 木 斯	0.412	0.527	0.541	0.596	0.497
七 台 河	0.27	0.394	0.481	0.499	0.503
牡 丹 江	0.372	0.416	0.54	0.579	0.572
黑　　河	1	1	1	1	1
绥　　化	1	1	1	1	1
大兴安岭	1	0.459	0.375	0.454	0.693
全省平均	0.634	0.634	0.638	0.672	0.675

表5-12 忽略废气后的黑龙江省13市地BCC生态效率计算结果

Table 5-12　Eco-efficiency score of 13 areas in Heilongjiang province
after overlooking the waste gas under the BCC model

	2005	2006	2007	2008	2009
哈 尔 滨	1	1	1	1	1
齐齐哈尔	0.671	0.672	0.669	0.706	0.703
鸡　　西	0.714	0.682	0.686	0.705	0.818
鹤　　岗	0.753	0.708	0.67	0.693	0.622

（续）

	2005	2006	2007	2008	2009
双 鸭 山	0.841	0.86	0.837	0.94	0.983
大 庆	1	1	1	1	1
伊 春	0.55	0.556	0.569	0.585	0.633
佳 木 斯	0.848	0.862	0.876	0.893	0.88
七 台 河	0.712	0.736	0.726	0.802	0.753
牡 丹 江	0.764	0.76	0.775	0.803	0.856
黑 河	1	1	1	1	1
绥 化	1	1	1	1	1
大兴安岭	1	1	1	1	1
全省平均	0.835	0.834	0.831	0.856	0.865

将表 5-3 和表 5-11 对比的结果便形成了表 5-13 的结果。

表 5-13　2005~2009 年黑龙江省 13 市地忽略废气后的 CCR 技术效率变化幅度

Table 5-13　Eco-efficiency declining extent of 13 areas in Heilongjiang province after overlooking the waste gas under the CCR model during 2005~2009

	2005	2006	2007	2008	2009	平均
哈 尔 滨	0.00	0.00	0.00	0.00	0.00	0.00
齐齐哈尔	-0.11	-0.06	-0.04	0.00	0.00	-0.04
鸡 西	0.00	0.00	0.00	0.00	0.00	0.00
鹤 岗	-0.29	-0.18	-0.07	-0.08	-0.11	-0.14
双 鸭 山	0.00	0.00	0.00	0.00	0.00	0.00
大 庆	0.00	0.00	0.00	0.00	0.00	0.00
伊 春	0.00	-0.06	-0.07	0.00	0.00	-0.03
佳 木 斯	-0.15	-0.05	0.00	-0.06	-0.14	-0.08
七 台 河	0.00	0.00	0.00	0.00	0.00	0.00

（续）

	2005	2006	2007	2008	2009	平均
牡丹江	-0.23	-0.22	0.00	0.00	0.00	0.09
黑 河	0.00	0.00	0.00	0.00	0.00	0.00
绥 化	0.00	0.00	0.00	0.00	0.00	0.00
大兴安岭	0.00	0.00	0.00	-0.03	-0.08	-0.02

通过表5-13可以看出，如果要是将废气的环境影响忽略后，黑龙江省13市地的基于 CCR 模型下计算的效率并没有发生明显的变化，除了齐齐哈尔、鹤岗、佳木斯和七台河在个别年份的下降幅度超过了10%或者20%的程度，其他绝大多数地区的下降幅度都很小或者是根本就没有发生变化。所以说废气这种环境影响只能是个别地区在个别年份的优势项目，不是针对整体的优势项目。

将表5-4和表5-12对比的结果便形成了表5-14。

表5-14 2005～2009年黑龙江省13市地忽略废气后的 BCC 技术效率变化幅度
Table 5-14 Eco-efficiency declining extent of 13 areas in Heilongjiang province after overlooking the waste gas under the BCC model during 2005～2009

	2005	2006	2007	2008	2009	平均
哈尔滨	0	0	0	0	0	0
齐齐哈尔	0	0	0	0	0	0
鸡 西	0	0	0	0	0	0
鹤 岗	0	0	0	0	0	0
双鸭山	0	0	0	0	0	0
大 庆	0	0	0	0	0	0
伊 春	0	-0.023	-0.017	0	0	-0.008
佳木斯	0	0	0	0	0	0
七台河	0	0	0	0	0	0

（续）

	2005	2006	2007	2008	2009	平均
牡 丹 江	0	0	0	0	0	0
黑 河	0	0	0	0	0	0
绥 化	0	0	0	0	0	0
大兴安岭	0	0	0	0	0	0

通过表 5-14 中可以明显地看出：在忽略废气的环境影响后，只有伊春的基于 BCC 模型下计算的生态效率有了微弱的变化，其余的地区则根本没有任何影响。所以综合表 5-13 和表 5-14 的结果可以推断：废气这种环境影响只是针对个别地区在个别年份的优势项目（齐齐哈尔、鹤岗、佳木斯和牡丹江等地区在个别年份），不是针对黑龙江省大部分地区的优势项目。

5.2.4.3 忽略固废的敏感性分析

将废气的环境影响忽略后，将其余的数据代入 CCR 和 BCC 模型后及结果分别形成表 5-15 和 5-16。

表 5-15　忽略固废后的黑龙江省 13 市地 CCR 生态效率计算结果

Table 5-15　Eco-efficiency score of 13 areas in Heilongjiang province

after overlooking the solid waste under the CCR model

	2005	2006	2007	2008	2009
哈 尔 滨	1	1	1	1	1
齐齐哈尔	0.453	0.486	0.467	0.521	0.347
鸡 西	0.602	0.586	0.572	0.627	0.64
鹤 岗	0.344	0.377	0.295	0.339	0.374
双 鸭 山	0.674	0.774	0.746	0.784	0.729
大 庆	1	1	1	1	1
伊 春	0.27	0.332	0.348	0.368	0.389

（续）

	2005	2006	2007	2008	2009
佳 木 斯	0.484	0.556	0.541	0.632	0.498
七 台 河	0.271	0.394	0.481	0.499	0.503
牡 丹 江	0.482	0.533	0.54	0.579	0.519
黑 河	1	1	1	1	1
绥 化	1	1	1	1	0.946
大兴安岭	0.301	0.392	0.375	0.434	0.58

表 5-16　忽略固废后的黑龙江省 13 市地 BCC 生态效率计算结果

Table 5-16　Eco-efficiency score of 13 areas in Heilongjiang province after overlooking the solid waste under the BCC model

	2005	2006	2007	2008	2009
哈 尔 滨	1	1	1	1	1
齐齐哈尔	0.671	0.672	0.669	0.706	0.703
鸡 西	0.714	0.682	0.686	0.705	0.818
鹤 岗	0.753	0.708	0.67	0.693	0.622
双 鸭 山	0.841	0.86	0.837	0.94	0.983
大 庆	1	1	1	1	1
伊 春	0.55	0.569	0.579	0.585	0.633
佳 木 斯	0.848	0.862	0.876	0.893	0.88
七 台 河	0.712	0.736	0.726	0.802	0.753
牡 丹 江	0.764	0.76	0.775	0.803	0.856
黑 河	1	1	1	1	1
绥 化	1	1	1	1	1
大兴安岭	1	1	1	1	1

将表 5-3 和表 5-15 对比的结果便形成了表 5-17 的结果。

表 5-17 2005～2009 年黑龙江省 13 市地忽略固废后的 CCR 技术效率变化幅度

Table 5-17 Eco-efficiency declining extent of 13 areas in Heilongjiang province after overlooking the solid waste under the CCR model during 2005～2009

	2005	2006	2007	2008	2009
哈 尔 滨	0.00	0.00	0.00	0.00	0.00
齐齐哈尔	0.00	0.00	0.00	0.00	-0.18
鸡　　西	0.00	0.00	0.00	0.00	0.00
鹤　　岗	0.00	0.00	0.00	0.00	0.00
双 鸭 山	0.00	0.00	0.00	0.00	0.00
大　　庆	0.00	0.00	0.00	0.00	0.00
伊　　春	0.00	0.00	0.00	0.00	0.00
佳 木 斯	0.00	0.00	0.00	0.00	-0.14
七 台 河	0.00	0.00	0.00	0.00	0.00
牡 丹 江	0.00	0.00	0.00	0.00	-0.10
黑　　河	0.00	0.00	0.00	0.00	0.00
绥　　化	0.00	0.00	0.00	0.00	-0.05
大兴安岭	-0.70	-0.15	0.00	-0.07	-0.23

通过表 5-17 可以看出，如果要是将固废的环境影响忽略后，只有大兴安岭地区在基于 CCR 模型下的生态效率有所改变，即在除 2007 年外的其余年份里发生了显著变化，其中尤其是以 2009 年下降幅度最大，达 23%；此外，齐齐哈尔、佳木斯、牡丹江和黑河也在 2009 年分别有不同程度的下降；除上述外，其他地区在这些年里则没有发生任何的变化。所以说固废的环境影响可以说只是针对大兴安岭地区是个敏感的优势项目，对全省来说，基本上没有任何影响。

将表 5-4 和表 5-16 对比的结果便形成了表 5-18 的结果。

表5-18 2005～2009年黑龙江省13市地忽略固废后的BCC技术效率变化幅度

Table 5-18   Eco-efficiency declining extent of 13 areas in Heilongjiang province after overlooking the solid waste under the BCC model during 2005～2009

	2005	2006	2007	2008	2009
哈 尔 滨	0.00	0.00	0.00	0.00	0.00
齐齐哈尔	0.00	0.00	0.00	0.00	0.00
鸡　　西	0.00	0.00	0.00	0.00	0.00
鹤　　岗	0.00	0.00	0.00	0.00	0.00
双 鸭 山	0.00	0.00	0.00	0.00	0.00
大　　庆	0.00	0.00	0.00	0.00	0.00
伊　　春	0.00	0.00	0.00	0.00	0.00
佳 木 斯	0.00	0.00	0.00	0.00	0.00
七 台 河	0.00	0.00	0.00	0.00	0.00
牡 丹 江	0.00	0.00	0.00	0.00	0.00
黑　　河	0.00	0.00	0.00	0.00	0.00
绥　　化	0.00	0.00	0.00	0.00	0.00
大兴安岭	0.00	0.00	0.00	0.00	0.00

表5-18则清楚地说明了固废的环境影响如果被忽略后，对全省13市地的基于BCC模型下计算出的生态效率则没有任何影响。

5.2.4.4　忽略单位能耗的敏感性分析

将单位能耗的环境影响忽略后，将其余的数据代入CCR和BCC模型后及结果分别形成表5-19和表5-20。

表5-19 忽略单位能耗后的黑龙江省13市地CCR生态效率计算结果

Table 5-19 Eco-efficiency score of 13 areas in Heilongjiang province after overlooking the unit energy comsumption under the CCR model

	2005	2006	2007	2008	2009
哈尔滨	0.834	0.857	1	1	1
齐齐哈尔	0.453	0.486	0.467	0.521	0.424
鸡 西	0.602	0.586	0.572	0.627	0.64
鹤 岗	0.344	0.377	0.295	0.339	0.374
双鸭山	0.674	0.774	0.746	0.784	0.729
大 庆	1	1	1	1	1
伊 春	0.27	0.332	0.348	0.368	0.389
佳木斯	0.484	0.556	0.541	0.632	0.579
七台河	0.271	0.394	0.481	0.499	0.503
牡丹江	0.482	0.533	0.54	0.579	0.574
黑 河	1	1	1	1	1
绥 化	1	1	1	1	1
大兴安岭	1	0.459	0.375	0.467	0.752

表5-20 忽略单位能耗后的黑龙江省13市地BCC生态效率计算结果

Table 5-20 Eco-efficiency score of 13 areas in Heilongjiang province after overlooking the unit energy comsumption under the BCC model

	2005	2006	2007	2008	2009
哈尔滨	1	1	1	1	1
齐齐哈尔	0.57	0.592	0.588	0.651	0.441
鸡 西	0.714	0.682	0.686	0.705	0.818
鹤 岗	0.753	0.708	0.67	0.693	0.622
双鸭山	0.841	0.86	0.837	0.94	0.983

（续）

	2005	2006	2007	2008	2009
大　庆	1	1	1	1	1
伊　春	0.536	0.536	0.575	0.585	0.633
佳木斯	0.772	0.82	0.837	0.875	0.609
七台河	0.712	0.736	0.726	0.802	0.753
牡丹江	0.617	0.635	0.652	0.696	0.615
黑　河	1	1	1	1	1
绥　化	1	1	1	1	1
大兴安岭	1	1	1	1	1

将表5-3和表5-19对比的结果便形成了表5-21的结果。

表5-21　2005～2009年黑龙江省13市地忽略单位能耗后的CCR技术效率变化幅度

Table 5-21　Eco-efficiency declining extent of 13 areas in Heilongjiang province after overlooking the unit energy comsumption under the CCR model during 2005～2009

	2005	2006	2007	2008	2009
哈尔滨	-0.17	-0.14	0.00	0.00	0.00
齐齐哈尔	0.00	0.00	0.00	0.00	0.00
鸡　西	0.00	0.00	0.00	0.00	0.00
鹤　岗	0.00	0.00	0.00	0.00	0.00
双鸭山	0.00	0.00	0.00	0.00	0.00
大　庆	0.00	0.00	0.00	0.00	0.00
伊　春	0.00	0.00	0.00	0.00	0.00
佳木斯	0.00	0.00	0.00	0.00	0.00
七台河	0.00	0.00	0.00	0.00	0.00
牡丹江	0.00	0.00	0.00	0.00	0.00

（续）

	2005	2006	2007	2008	2009
黑　河	0.00	0.00	0.00	0.00	0.00
绥　化	0.00	0.00	0.00	0.00	0.00
大兴安岭	0.00	0.00	0.00	0.00	0.00

通过表 5-21 可以看出，如果要是将单位能耗的环境影响忽略后，只有哈尔滨市在基于 CCR 模型下的生态效率有所改变，并且只发生在 2005 和 2006 年间，除此之外，没有任何地区在此期间经忽略环境影响后的生态效率发生了改变。所以说单位能耗的环境影响可以说只是针对哈尔滨市在个别年度是个敏感的优势项目，对全省来说，同样也是没有任何影响，将表 5-4 和表 5-20 对比的结果便形成了表 5-22。

表 5-22 则清楚地说明了单位能耗的环境影响如果被忽略后，只有齐齐哈尔、佳木斯和牡丹江三市的基于 BCC 模型下计算出的生态效率发生了大幅度的下降，其中尤以牡丹江的影响最大，年均下降幅度达 18.4%，而齐齐哈尔的年均下降幅度也高达 16.8%，佳木斯虽然年均降幅超过了 10%，但是其主要是在 2009 年发生了 31% 的大幅下降所致，在 2005～2008 年的影响幅度都不是很大，并且呈下降趋势。对全省 13 市地的基于 BCC 模型下计算出的生态效率则没有任何影响。

表 5-22　2005～2009 年黑龙江省 13 市地忽略单位能耗后的 BCC 技术效率变化幅度
Table 5-22　Eco-efficiency declining extent of 13 areas in Heilongjiang province after overlooking the unit energy comsumption under the BCC model during 2005～2009

	2005	2006	2007	2008	2009	平均
哈尔滨	0.00	0.00	0.00	0.00	0.00	0
齐齐哈尔	-0.15	-0.12	-0.12	-0.08	-0.37	-0.168
鸡　西	0.00	0.00	0.00	0.00	0.00	0

（续）

	2005	2006	2007	2008	2009	平均
鹤　岗	0.00	0.00	0.00	0.00	0.00	0
双鸭山	0.00	0.00	0.00	0.00	0.00	0
大　庆	0.00	0.00	0.00	0.00	0.00	0
伊　春	-0.03	-0.06	-0.01	0.00	0.00	-0.02
佳木斯	-0.09	-0.05	-0.04	-0.02	-0.31	-0.102
七台河	0.00	0.00	0.00	0.00	0.00	0
牡丹江	-0.19	-0.16	-0.16	-0.13	-0.28	-0.184
黑　河	0.00	0.00	0.00	0.00	0.00	0
绥　化	0.00	0.00	0.00	0.00	0.00	0
大兴安岭	0.00	0.00	0.00	0.00	0.00	0

5.3　基于 *MPI* 的黑龙江省动态生态效率分析

5.3.1　基于 *MPI* 的黑龙江省整体动态生态效率分析

对于黑龙江省动态生态效率变化的分析，可以采用前文中所提及的 *MPI*。*MPI* 表示决策单元在 t 期到 $t+1$ 期整体生产率的变化程度，由决策单元 t 期至 $t+1$ 期生产技术变动值的几何平均数，再乘以技术效率变动的值得到。若 *MPl* >1，表示该决策单元的生产率呈现上升趋势；若 MPl < 1，则表示决策单元的生产率较参照期出现衰退。

MPI 被分解为生产效率变动（*EC*）和生产技术变动（*TC*）两部分。

EC（Efficiency Change）为相对效率变化指数，表示决策单元由 t 期至 $t+1$ 期的技术效率变动程度，即效率变动是模仿或追赶的程度，因此，又被称为"追赶效应"或"水平效应"，它衡量了决策单位是否更靠近当期的生产前沿面进行生产。当 *EC* >1 时，表明决策单元的

生产更接近生产前沿面，相对技术效率有所提高；当 $EC < 1$，则表明决策单元与最优决策单元的差距在进一步扩大。该度量与参考期的选取无关。

TC（Technical Change）为生产技术变动指数，表示决策单元由 t 期到 $t + l$ 期的生产技术变化程度，代表两个时期内生产前沿面的移动，被称为"前沿面移动效应"或"增长效应"。这种效应表明了技术的进步或创新的程度，该效应的度量与所选参考期的生产前沿面相关。当 $TC > 1$ 时，表示生产技术较基期有所进步，直观地讲就意味着生产前沿面"向上"移动；当 $TC < 1$ 时，表示决策单元的生产技术有衰退的趋势。而 TC 又可进一步地分解为纯技术效率变化（Pure Efficiency Change，PEC）和规模效率变化（Scale Change，SC）两部分。

根据前面已选的指标和处理的数据，运用 DEAP Version2.1 软件计算（投入导向）并整理出 2005～2009 年黑龙江省总体环境生产率的指数及其分解，结果见表 5-23。

表 5-23　黑龙江省 2005～2009 MPI 变化及其分解

Table 5-23　scores of MPI and decompositions of Heilongjiang
province during 2005～2009

年份	EC	TC	PEC	SC	MPI
2005～2006	1.025	1.014	1	1.025	1.039
2006～2007	0.976	0.985	0.997	0.979	0.962
2007～2008	1.074	0.906	1.031	1.042	0.974
2008～2009	1.037	0.799	1.02	1.017	0.829
累计	1.114	0.723	1.048	1.063	0.807
平均	1.027	0.922	1.012	1.015	0.948

（说明：*EC* 为技术效率变化；*TC* 为技术水平变化；*PEC* 为纯技术效率变化；*SC* 为规模效率变化；*MPI* 为全要素生产率变化，且 $MPI = EC \times TC$，$EC = PCE \times SC$）

通过表 5-23 可以看出：黑龙江省的环境生产效率在总体上是呈

现出效率倒退的趋势的，平均每年的退化幅度高达5.2%（即 *MPI* 的年几何均值为0.948）；具体来看，黑龙江省总体上只有在2005～2006年间的环境生产效率是呈现出进步的态势，其环境生产率增长幅度为3.9%（即 *MPI* 的年几何均值为1.039），而在2006～2009年间每年都是呈现退步的状况的，尤其以2008～2009年间的退步幅度最为严重，其环境生产率退步幅度高达17.1%，这也是直接导致黑龙江省环境生产效率在总体上是呈现出效率倒退的趋势及平均每年的退化幅度高达5.2%的直接原因。通过对2008～2009年间黑龙江省 *MPI* 指数的具体分解可以看出，其环境生产率退步幅度之所以高达17.1%的原因主要在于：在此期间其环境生产的技术出现了大幅度的倒退，其环境生产的技术水平较前期退步程度高达20.1%（即 *TC* =0.799），尽管在此期间其环境生产的效率有了3.7%的小幅提升，但远远无法弥补由于环境生产技术水平倒退而导致的环境生产率的大幅倒退。同样道理，对黑龙江省在2005～2006年间的 *MPI* 进行分解可以看出：其环境生产率增长幅度为3.9%的原因在于：其既有2.5个百分点的环境生产效率改善，又有1.4个百分点的环境生产技术水平的进步，二者共同作用从而使最终的环境生产率有了3.9个百分点的提高。

从黑龙江省 *MPI* 分解的每项具体指标来看，黑龙江省在2005～2009年间的环境生产效率（*EC*）是呈现出逐年改善的良好趋势的（除了在2006～2007年间有了2.4%的小幅退步外），五年间黑龙江省的环境生产效率累计改善达11.4%，年均（几何平均）效率改善率为2.7%，其中效率改善幅度最大的时间发生在2007～2008年间，其环境生产效率进步率达7.4%。而环境生产技术水平的变化则不是那么乐观，只有在2005～2006年间，黑龙江省的环境生产技术水平有了1.4个百分点的小幅改善外，此后的几年间一直呈现出加速下降的趋势，特别是在2008～2009年，其技术水平下降幅度竟然高达20.1%，而全省5年间累计下降幅度高达27.7%，年均下降幅度为19.2%（几何平均数）。

所以黑龙江省的环境生产率在 2005～2009 年间是呈现退步的，其根本原因在于环境生产技术水平的不断下降，特别是在 2008～2009 年的技术水平退步幅度明显，从而导致了全省总体上的环境生产率累计 19.3% 的退步程度，虽然在此期间全省的环境生产效率有所改善，但不足以弥补环境生产技术水平的大幅倒退所导致的总体上环境生产率的退步趋势。因此，提高黑龙江省总体的环境生产技术水平势在必行。

5.3.2 基于 *MPI* 的黑龙江省各市地动态生态效率分析

为了更加深入地分析黑龙江省整体 *MPI* 指数变化的具体构成和原因，本文将黑龙江省 13 市地在每一区间的各市地的 *MPI* 的指数进行了具体分解，并进行了相应的分析。其中黑龙江省 13 市地在 2005～2009 年间 *MPI* 指数分解分别形成了表 5-24～表 5-28。

表 5-24　2005～2006 黑龙江省 13 市地 MPI 指数及其分解结果

Table 5-24　scores of MPI and decompositions of 13 areas in
Heilongjiang province during 2005～2006

	EC	TC	PEC	SC	MPI
哈 尔 滨	1	1.111	1	1	1.111
齐齐哈尔	1.073	1.005	1.002	1.072	1.078
鸡　　西	0.974	1.044	0.956	1.02	1.017
鹤　　岗	1.098	1.032	0.94	1.168	1.133
双 鸭 山	1.148	1.088	1.022	1.123	1.249
大　　庆	1	0.986	1	1	0.986
伊　　春	1.228	1.042	1.034	1.189	1.28
佳 木 斯	1.149	1.006	1.016	1.131	1.156
七 台 河	1.452	0.997	1.034	1.404	1.447
牡 丹 江	1.107	1.026	0.995	1.112	1.135
黑　　河	1	1.845	1	1	1.845

（续）

	EC	TC	PEC	SC	MPI
绥 化	1	0.919	1	1	0.919
大兴安岭	0.459	0.51	1	0.459	0.234
全省平均	1.025	1.014	1	1.025	1.039

从表 5-24 中可以看出，在 2005～2006 年间黑龙江省 13 市地中绝大部分地区是呈现出环境生产进步的情况，只有个别地区的环境生产率出现了退步现象。全省 13 市地中环境生产率进步最大的地区是黑河地区，其环境生产率提高了 84.5%，与之形成鲜明对照的是大兴安岭地区，其环境生产率发生了高达 76.6% 的退步。通过对上述两地区 MPI 指数的分解可以看出，黑河地区之所以有了 84.5 个百分点的环境生产率的大幅改进，完全归因于其环境生产技术水平的 84.5% 的提高；而大兴安岭地区环境生产率高达 76.6% 的退步，一方面在于其环境生产效率有了 54.1%（EC = 0.459）的倒退，另一方面也受累于其环境生产技术水平 49%（TC = 0.51）的下降，二者共同作用导致其大兴安岭地区环境生产率的大幅倒退，进一步对大兴安岭的 EC 进行分解可以看出其环境生产效率之所以有了 54.1 个百分点的大幅下降，主要归因于其规模效率的大幅下降所致（SC = 0.459），而非环境生产的纯技术效率变化所致（PEC = 1）。

在此期间，全省共有 7 个市地的环境生产效率得到了不同程度的改善，其中改善幅度最大的地区是七台河市，环境效率提高了 45.2 个百分点，大庆、黑河和绥化保持不变，只有鸡西和大兴安岭地区 2 个地区的环境生产效率发生了退步，而又以大兴安岭地区的环境生产效率退步最为严重。在环境生产的技术变化方面，全省共有 9 个地区的环境生产技术水平有了不同程度的提高，其中技术水平提高幅度最大的是黑河；同时仅有大庆、七台河、绥化和大兴安岭四个地区的环境生产技术水平比前期有所退步，这其中又以大兴安岭地区的情况最为突出。

在此期间推动有效生产前沿面向前移动的创新地区有哈尔滨市和黑河(条件位于有效生产前沿面状态,且 $TC > 1$,$MPI > 1$)。

在 2005 ~ 2006 年间,对黑龙江省环境生产率提高起推动作用的既有环境生产效率的改善的贡献,也有环境生产技术提高的结果,相对来说,环境生产效率的改善为环境生产率的提高的贡献要大一些。在位于有效生产前沿面的几个地区中,只有哈尔滨和黑河成为环节生产技术创新的主导,而大庆和绥化所构成的环境生产技术前沿面则向内发生了收缩迹象($TC < 1$),大兴安岭地区更是脱离了有效生产前沿面,并导致了起环境生产率的巨大滑坡。

表5-25 2006 ~ 2007 黑龙江省份 13 市地 MPI 指数及其分解结果

Table 5-25 scores of MPI and decompositions of 13 areas in Heilongjiang province during 2006 ~ 2007

	EC	TC	PEC	SC	MPI
哈 尔 滨	1	1. 151	1	1	1. 151
齐齐哈尔	0. 96	1. 036	0. 997	0. 963	0. 994
鸡 西	0. 976	1. 024	1. 005	0. 971	0. 999
鹤 岗	0. 782	1. 021	0. 947	0. 826	0. 798
双 鸭 山	0. 964	1. 004	0. 974	0. 99	0. 968
大 庆	1	1. 003	1	1	1. 003
伊 春	1. 048	0. 993	1. 017	1. 03	1. 041
佳 木 斯	0. 973	1. 032	1. 016	0. 958	1. 004
七 台 河	1. 221	1. 026	0. 986	1. 239	1. 253
牡 丹 江	1. 013	1. 024	1. 02	0. 993	1. 038
黑 河	1	0. 76	1	1	0. 76
绥 化	1	0. 845	1	1	0. 845
大兴安岭	0. 816	0. 951	1	0. 816	0. 777
全省平均	0. 976	0. 985	0. 997	0. 979	0. 962

从表 5-25 中可以看出：在这一期间，黑龙江省的环境生产率出现了衰退迹象，只有哈尔滨、大庆、伊春、佳木斯、七台河和牡丹江等六个地区的 *MPI* 出现了增长情况，其中增长幅度最大的要属七台河市，累计增长率达到了 25.3%，其中主要来自于其环境生产效率的 22.1 个百分点的改善，同时其技术水平 2.6 个百分点的进步也起了一定的积极作用，而其环境效率改善的根本原因在于其规模效率有了 23.9 个百分点的提高，而非纯技术效率水平 1.4 个百分点的倒退。在这 6 个地区中，为环境生产率的进步起主导作用的并不完全相同，像哈尔滨和大庆是属于位于有效生产前沿面的地区，因而其环境生产技术水平的提高做出了唯一贡献；七台河和牡丹江两地，为其环境生产率的进步做出贡献的既有其环境生产效率的改善的作用，又有其环境生产技术水平的提高的贡献，只不过，七台河市效率改善起决定性作用，而牡丹江则是环境生产技术进步的贡献要稍大于环境生产效率的改善；伊春地区环境生产率改善的原因完全归结于其环境生产效率的改善作用，佳木斯与其相反，完全是技术进步的结果。

在这一期间，哈尔滨和大庆成为环节生产技术的区域创新主导者，是导致区域生产前沿面局部向外扩张的原因，但是由于黑河和绥化等地构造的有效生产前沿面向内部发生了收缩，特别是黑河地区的环境生产技术水平下降的幅度最大，致使黑龙江省整体的发生了衰退。

表 5-26　2007～2008 黑龙江省份 13 市地 MPI 指数及其分解结果

Table 5-26　scores of MPI and decompositions of 13 areas in Heilongjiang province during 2007～2008

	EC	TC	PEC	SC	MPI
哈 尔 滨	1	0.861	1	1	0.861
齐齐哈尔	1.117	0.965	1.055	1.059	1.077
鸡　　西	1.096	0.972	1.028	1.066	1.065

（续）

	EC	TC	PEC	SC	MPI
鹤　　岗	1.15	0.95	1.034	1.113	1.092
双 鸭 山	1.05	0.99	1.123	0.935	1.039
大　　庆	1	0.964	1	1	0.964
伊　　春	1.059	0.927	1.011	1.047	0.981
佳 木 斯	1.168	0.965	1.019	1.145	1.126
七 台 河	1.036	0.974	1.105	0.938	1.01
牡 丹 江	1.072	0.952	1.036	1.035	1.02
黑　　河	1	1.083	1	1	1.083
绥　　化	1	0.667	1	1	0.667
大兴安岭	1.247	0.636	1	1.247	0.794
全省平均	1.074	0.906	1.031	1.042	0.974

从表5-26中可以看出，在位于有效生产前沿面的地区中 *MPI* 呈现改善的地区仅有黑河地区，其环境生产进步指数提升了8.3个百分点，进步的原因在于其环境生产技术水平的提高所致；哈尔滨和大庆和绥化地区的 *MPI* 则不同程度地出现了下降，其中下降幅度最大的是绥化地区，其环境生产率指数下降幅度达33.3%，下降的原因在于其环境生产技术水平的直接下降。在非有效生产前沿面地区中，仅有伊春和大兴安岭两个地区的 *MPI* 指数出现了下降，而其中又是以大兴安岭的下降幅度最大，为20.6个百分点，伊春和大兴安岭地区环境生产率下降的原因比较一致，都是由于其环境生产的技术水平大幅下降掩盖了其技术效率改善的结果，并最终导致其 *MPI* 的最终下降；在其他非有效生产前沿面地区中，为 *MPI* 的进步做出贡献的都是其环境生产效率的提高所致。

在这一区间，全省各地 *MPI* 指数分解的显著特征是，各地环境生产效率改善明显，没有一个地区的环境生产效率出现恶化现象；

但与此同时各地的环境生产技术水平的下降更为严重，而且环境生产技术水平下降的幅度超过了环境生产效率改善的效果，从而使全省整体的 *MPI* 呈现出恶化的现象；对于环境生产技术创新角度而言，黑河地区成为唯一一个区域环境生产技术创新的主导者，但是由于位于有效生产前沿面的哈尔滨、大庆和绥化地区的技术水平下降幅度较大，因而是有效生产前沿面仍然在向内收缩，最终是黑龙江省的总体的环境生产技术水平不断下降。

表 5-27 2008 ~ 2009 黑龙江省份 13 市地 MPI 指数及其分解结果

Table 5-27 scores of MPI and decompositions of 13 areas in Heilongjiang province during 2008 ~ 2009

	EC	TC	PEC	SC	MPI
哈 尔 滨	1	0.912	1	1	0.912
齐齐哈尔	1.236	0.677	1.08	1.144	0.837
鸡 西	1.131	0.819	1.206	0.937	0.926
鹤 岗	1.081	0.717	0.965	1.12	0.775
双 鸭 山	1.029	0.824	1.064	0.968	0.848
大 庆	1	0.745	1	1	0.745
伊 春	0.91	0.827	1	0.909	0.753
佳 木 斯	1.062	0.706	1.014	1.047	0.75
七 台 河	0.975	0.776	1.004	0.971	0.757
牡 丹 江	0.928	0.812	0.949	0.978	0.753
黑 河	1	0.877	1	1	0.877
绥 化	1	0.956	1	1	0.956
大兴安岭	1.184	0.791	1	1.184	0.937
全省平均	1.037	0.799	1.02	1.017	0.829

从表 5-27 中可以看出，在 2008 ~ 2009 年里，全省 13 市地的环境生产率都出现了较大幅度的倒退，全省平均环境生产率水平下降

了 17.1%，为历年最低水平。而导致环境生产率如此巨幅下降的原因在于，在此期间和各市地的环境生产技术水平都出现了较大幅度的衰退，虽然在此期间全省绝大多数地区的环境生产效率都呈现出了改善的状况，但是无法弥补因技术水平大幅下降所导致的环境生产率的衰退。

表 5-28   2005～2009 黑龙江省份 13 市地 MPI 指数及其分解结果
Table 5-28   scores of MPI and decompositions of 13 areas in
Heilongjiang province during 2005～2009

	EC	TC	PEC	SC	MPI
哈 尔 滨	1	1.001	1	1	1.001
齐 齐 哈 尔	1.092	0.908	1.033	1.057	0.991
鸡 　 西	1.042	0.96	1.045	0.997	1.001
鹤 　 岗	1.016	0.92	0.971	1.047	0.935
双 鸭 山	1.046	0.971	1.044	1.002	1.016
大 　 庆	1	0.918	1	1	0.918
伊 　 春	1.055	0.944	1.016	1.039	0.996
佳 木 斯	1.085	0.917	1.016	1.068	0.995
七 台 河	1.157	0.938	1.031	1.122	1.085
牡 丹 江	1.028	0.949	0.999	1.028	0.975
黑 　 河	1	1.074	1	1	1.074
绥 　 化	1	0.839	1	1	0.839
大 兴 安 岭	0.863	0.703	1	0.863	0.606
全 省 平 均	1.027	0.922	1.012	1.015	0.948

从表 5-28 来看，黑龙江省的环境生产率的变化特点是，环境生产效率改善和环境生产技术水平大幅下降并存，但是技术下降的程度要大于技术效率改善的速度，从而导致全省全要素环境生产率的一定程度的下降。

5.4   本章小结

本章运用 DEA 和 MPI 的模型和方法对黑龙江省 13 市地的区域生态效率进行了静态和动态的分析，通过实证分析结果表明：从 2005~2009 年间，位于有效生产前沿面地区的仅有哈尔滨、大庆、黑河和绥化等四个地区；而其他非有效生产前沿面地区中，资源型地区占了一大半，因此改善资源型地区的生态效率水平是提升黑龙江省整体生态效率的重点；同时难以发挥规模效率是制约非有效生产前沿面地区未能达到有效生产前沿面的主要瓶颈；从黑龙江省 13 市地对各种环境影响的敏感性分析中可以看出：绝大部分地区对废水的环境影响比较敏感，只有个别地区对废气和固废的忽略会发生一定程度变化，而单位 GDP 能耗的环境影响的敏感性则基本没有；而通过对黑龙江省基于 MPI 的分析结果显示：全省各地在此期间环境生产总体状况是环境生产效率改善和环境生产技术水平大幅下降并存，但是技术下降的程度要大于技术效率改善的速度，从而导致全省全要素环境生产率一定程度的下降。

6

基于偏要素视角的黑龙江省区域生态效率评价

在第五章中，运用 DEA 和 MPI 对黑龙江省各市地的静态和动态的生态效率进行了分析，但是它们都是属于在全要素分析框架下进行的，无法说明具体每种投入要素的在单方面所能反映的静态和动态的生态效率情况，因此本章运用偏要素分析方法来对黑龙江省各市地的全部投入要素进行静态和动态的效率评价，从而在偏要素框架下，具体分析每一种投入要素的单要素生态效率，以弥补前面DEA 和 MPI 分析的不足。

6.1 基于 PFE 的黑龙江省静态偏要素生态效率分析

由于在 DEA 模型下求解的每个 *DMU* 的效率值是代表该 *DMU* 其所有投入与产出之间的综合效率值，并不代表该 *DMU* 每一项投入与其自身产出之间的效率比值，所以在基于 DEA 框架下求解某个 *DMU* 的每种环境影响的偏要素生态效率(*PFE*)，并不一定都等于其基于DEA 框架下求得的该 *DMU* 的综合技术效率(*TE*)或纯技术效率(*PTE*)，在基于 DEA 框架下求解某个 *DMU* 的某种环境影响的偏要素生态效率(*PFE*)，在绝大多数情况下，其最大可达到的上限是其DMU 的纯技术效率(*PTE*)，也就是说，某个 *DMU* 某种环境影响的*PFE* 与该 *DMU* 整体的 *PTE* 之间是存在一定的差距的，这种差距比率的大小反映了该种环境影响的技术效率对 *DMU* 整体效率的影响程度，为了衡量 *DMU* 的该种环境影响的 *PFE* 与 *DMU* 整体的 *PTE* 之间的差距程度，本文用偏要素生态效率缺口比率（Partial Factor Eco - efficiency Gap Ratio，PFEGR）来表示某种环境影响的 *PFE* 与该 *DMU* 整体的 *PTE* 之间的差距程度。

PFEGR 的比值越大，表示该种环境影响的 *PFE* 与该 *DMU* 整体的 *PTE* 之间的差距越小，该种环境影响的偏要素效率越接近于其在既定的技术水平下 *DMU* 的纯技术效率，若 *PFEGR* 的值大于或等于 1，表示该种环境影响的偏要素效率达到甚至超过了其自身的纯技术效率水平，反之，若 *PFEGR* 的比值越小，则说明该种环境影响的偏要素效率与其 *DMU* 整体的纯技术效率之间的差距越大。通过 *PFEGR* 值的大小可以看出该种环境影响是否是导致其 *DMU* 效率未能达到更高水平的原因，如果 *PFEGR* 的值小于 1，说明该种环境影响的偏要素效率首先未能达到其 *DMU* 的纯技术效率，因而必然是拖了其 *DMU* 总体综合技术效率的后腿，如果要是将其偏要素生态效率提高到其 *DMU* 的纯技术效率水平后，其 *DMU* 的纯技术效率和综合技术效率必然会进一步有所改善，甚至达到有效生产前沿面状态。所以 *PFEGR* 为无效率 *DMU* 的生态效率的改善提供了明确的方向和目标。

6.1.1 黑龙江省各市地偏要素生态效率整体分析

根据第四章及本章所提及的公式，以及第五章通过 CCR 和 BCC 模型计算结果的基础上，现将黑龙江省 13 市地的各种偏要素生态效率在 2005 ~ 2009 年中每一年的计算结果列示如表 6-1 至表 6-6 的结果。

表 6-1　2005 年黑龙江省各市地每项投入要素的偏要素效率和纯技术效率比照结果

Table 6-1　comparison between partial factor efficiency and pure technical efficiency of each input factors of each area in Heilongjiang province on 2005

2005	废水 *PFE*	废气 *PFE*	固废 *PFE*	劳力 *PFE*	能耗 *PFE*	*PE*
哈 尔 滨	1.000	1.000	1.000	1.000	1.000	1
齐齐哈尔	0.262	0.312	0.177	0.671	0.671	0.671

（续）

2005	废水 *PFE*	废气 *PFE*	固废 *PFE*	劳力 *PFE*	能耗 *PFE*	*PE*
鸡　　西	0.714	0.647	0.100	0.714	0.528	0.709
鹤　　岗	0.663	0.507	0.033	0.753	0.537	0.753
双 鸭 山	0.841	0.467	0.131	0.841	0.609	0.831
大　　庆	1.000	1.000	1.000	1.000	1.000	1
伊　　春	0.139	0.316	0.180	0.550	0.551	0.55
佳 木 斯	0.150	0.376	0.286	0.848	0.848	0.848
七 台 河	0.712	0.317	0.037	0.712	0.390	0.708
牡 丹 江	0.087	0.251	0.176	0.764	0.764	0.764
黑　　河	1.000	1.000	1.000	1.000	1.000	1
绥　　化	1.000	1.000	1.000	1.000	1.000	1
大兴安岭	1.000	1.000	1.000	1.000	1.000	1
全省平均	0.659	0.630	0.471	0.835	0.761	0.833

表 6-2　2006 年黑龙江省各市地每项投入要素的偏要素效率和纯技术效率比照结果

Table 6-2　comparison between partial factor efficiency and pure technical efficiency of each input factors of each area in Heilongjiang province on 2006

2006	废水 *PFE*	废气 *PFE*	固废 *PFE*	劳力 *PFE*	能耗 *PFE*	*PE*
哈 尔 滨	1.000	1.000	1.000	1.000	1.000	1
齐齐哈尔	0.252	0.329	0.188	0.672	0.671	0.672
鸡　　西	0.434	0.193	0.086	0.682	0.522	0.682
鹤　　岗	0.065	0.454	0.100	0.708	0.488	0.708
双 鸭 山	0.572	0.626	0.203	0.860	0.616	0.86
大　　庆	1.000	1.000	1.000	1.000	1.000	1
伊　　春	0.109	0.569	0.215	0.569	0.569	0.569
佳 木 斯	0.208	0.444	0.374	0.862	0.862	0.862

（续）

2006	废水 *PFE*	废气 *PFE*	固废 *PFE*	劳力 *PFE*	能耗 *PFE*	*PE*
七 台 河	0.082	0.345	0.075	0.706	0.313	0.736
牡 丹 江	0.054	0.228	0.208	0.760	0.760	0.76
黑 河	1.000	1.000	1.000	1.000	1.000	1
绥 化	1.000	1.000	1.000	1.000	1.000	1
大兴安岭	1.000	1.000	1.000	1.000	1.000	1
全省平均	0.521	0.630	0.496	0.835	0.759	0.835

表 6-3　2007 年黑龙江省各市地每项投入要素的偏要素效率和纯技术效率比照结果

Table 6-3　comparison between partial factor efficiency and pure technical efficiency of each input factors of each area in Heilongjiang province on 2007

2007	废水 *PFE*	废气 *PFE*	固废 *PFE*	劳力 *PFE*	能耗 *PFE*	*PE*
哈 尔 滨	1.000	1.000	1.000	1.000	1.000	1
齐齐哈尔	0.184	0.340	0.192	0.669	0.669	0.669
鸡 西	0.462	0.365	0.114	0.686	0.529	0.686
鹤 岗	0.063	0.348	0.119	0.670	0.483	0.67
双 鸭 山	0.659	0.608	0.125	0.837	0.621	0.837
大 庆	1.000	1.000	1.000	1.000	1.000	1
伊 春	0.142	0.579	0.208	0.579	0.579	0.579
佳 木 斯	0.268	0.146	0.538	0.876	0.876	0.876
七 台 河	0.240	0.274	0.094	0.726	0.382	0.726
牡 丹 江	0.290	0.200	0.214	0.775	0.775	0.775
黑 河	1.000	1.000	1.000	1.000	1.000	1
绥 化	1.000	1.000	1.000	1.000	1.000	1
大兴安岭	1.000	1.000	1.000	1.000	1.000	1
全省平均	0.562	0.605	0.508	0.832	0.763	0.832

表 6-4 2008 年黑龙江省各市地每项投入要素的偏要素效率和纯技术效率比照结果

Table 6-4   comparation between partial factor efficiency and pure technical efficiency of each input factors of each area in Heilongjiang province on 2008

2008	废水 PFE	废气 PFE	固废 PFE	劳力 PFE	能耗 PFE	PE
哈 尔 滨	1.000	1.000	1.000	1.000	1.000	1
齐 齐 哈 尔	0.344	0.405	0.198	0.706	0.706	0.706
鸡 西	0.479	0.617	0.091	0.705	0.536	0.705
鹤 岗	0.109	0.392	0.103	0.693	0.502	0.693
双 鸭 山	0.452	0.267	0.088	0.940	0.628	0.94
大 庆	1.000	1.000	1.000	1.000	1.000	1
伊 春	0.186	0.376	0.242	0.585	0.584	0.585
佳 木 斯	0.319	0.650	0.457	0.893	0.893	0.893
七 台 河	0.202	0.230	0.073	0.802	0.394	0.802
牡 丹 江	0.551	0.204	0.213	0.803	0.803	0.803
黑 河	1.000	1.000	1.000	1.000	1.000	1
绥 化	1.000	1.000	1.000	1.000	1.000	1
大兴安岭	1.000	1.000	1.000	1.000	1.000	1
全省平均	0.588	0.626	0.497	0.856	0.773	0.856

表 6-5 2009 年黑龙江省各市地每项投入要素的偏要素效率和纯技术效率比照结果

Table 6-5   comparation between partial factor efficiency and pure technical efficiency of each input factors of each area in Heilongjiang province on 2009

2009	废水 PFE	废气 PFE	固废 PFE	劳力 PFE	能耗 PFE	PE
哈 尔 滨	1.000	1.000	1.000	1.000	1.000	1
齐 齐 哈 尔	0.174	0.391	0.595	0.703	0.703	0.703
鸡 西	0.818	0.518	0.150	0.818	0.619	0.644

（续）

2009	废水 PFE	废气 PFE	固废 PFE	劳力 PFE	能耗 PFE	PE
鹤 岗	0.404	0.421	0.095	0.622	0.568	0.622
双 鸭 山	0.983	0.057	0.203	0.983	0.709	0.71
大 庆	1.000	1.000	1.000	1.000	1.000	1
伊 春	0.633	0.372	0.311	0.633	0.626	0.612
佳 木 斯	0.200	0.811	0.880	0.880	0.880	0.88
七 台 河	0.735	0.210	0.063	0.753	0.446	0.753
牡 丹 江	0.236	0.628	0.856	0.856	0.856	0.856
黑 河	1.000	1.000	1.000	1.000	1.000	1
绥 化	1.000	1.000	1.000	1.000	1.000	1
大兴安岭	1.000	1.000	1.000	1.000	1.000	1
全省平均	0.706	0.647	0.627	0.865	0.801	0.829

表6-6 黑龙江省13市地每年各项偏要素效率均值和纯技术效率比照结果

Table 6-6 comparation between every partial factor efficiency and every pure technical efficiency of each input factors of each area in Heilongjiang province for each year

	废水 PFE	废气 PFE	固废 PFE	劳力 PFE	能耗 PFE	PE
2005	0.659	0.630	0.471	0.835	0.761	0.833
2006	0.521	0.630	0.496	0.835	0.759	0.835
2007	0.562	0.605	0.508	0.832	0.763	0.832
2008	0.588	0.626	0.497	0.856	0.773	0.856
2009	0.706	0.647	0.627	0.865	0.801	0.829

从表6-1至表6-6的计算结果中可以得出以下结论：

（1）在经过 DEA－BCC 模型下求得纯技术效率为 1 的地区：哈

尔滨、大庆、黑河、绥化和大兴安岭等 5 个地区，这 5 各地区每年各种投入要素的偏要素效率也都达到了 1 的水平，说明它们在这期间的各种要素投入水平都已经达到了技术生产前沿面的标准，每种投入要素都已经达到了相对最优的状态，不需要进行相关投入要素的数量调整。

(2)在经过 DEA – BCC 模型下求得纯技术效率没有达到 1 的地区有：齐齐哈尔、鸡西、鹤岗、双鸭山、伊春、佳木斯、七台河和牡丹江等 8 个地区，这些地区每年各种投入要素的偏要素效率水平都没有达到 1 的水平，存在不同程度的冗余或浪费，而且每个地区不同种投入要素的偏要素的大小各异。

(3)从黑龙江省 13 市地每年各项偏要素效率的均值计算结果可以得出大致的结论：劳动力偏要素效率和单位 GDP 的能耗偏要素效率一直位于前二位，而固体废弃物的偏要素效率则一直位于最后，而废水和废气的偏要素效率则交替处于第三和第四位之间；通过将各项偏要素效率的均值与当年的纯技术效率均值的比较中可以看出：只有劳动力的偏要素效率达到或超过了同期的纯技术效率均值，说明在目前的技术水平下黑龙江省各市地的劳动力要素投入效率达到了其自身的技术水平。

6.1.2 技术无效地区的偏要素生态效率分析

通过前面的分析可知，在 DEA – BCC 模型下纯技术效率无效地区有：齐齐哈尔、鸡西、鹤岗、双鸭山、伊春、佳木斯、七台河和牡丹江等 8 个地区，为了找出导致这些地区整体技术无效的具体要素，下面将对这 8 个地区的每种偏要素效率的具体情况进行逐一分析，从而找出导致每个地区环境生产技术无效的投入要素。

6.1.2.1 齐齐哈尔偏要素生态效率分析

根据表 6-1 至表 6-5 的计算结果，现将齐齐哈尔市在 2005~2009 年各种投入项目的偏要素效率每年的纯技术效率值 PE 以及每种要素的 PFEGR 值汇总形成表 6-7 和表 6-8。

表6-7　齐齐哈尔偏要素效率和纯技术效率统计结果

Table 6-7　Statistical results for partial factor efficiency and
pure technical efficiency of Qiqihaer

	废水 *PFE*	废气 *PFE*	固废 *PFE*	劳力 *PFE*	能耗 *PFE*	*PE*
2005	0.262	0.312	0.177	0.671	0.671	0.671
2006	0.252	0.329	0.188	0.672	0.671	0.672
2007	0.184	0.34	0.192	0.669	0.669	0.669
2008	0.344	0.405	0.198	0.706	0.706	0.706
2009	0.174	0.391	0.595	0.703	0.703	0.703
平均	0.243	0.355	0.270	0.684	0.684	0.684

表6-8　齐齐哈尔各种偏要素 PFEGR 统计结果

Table 6-8　Statistical results for PFEGR of each partial factor
efficiency of Qiqihaer during 2005 ~ 2009

	废水 *PFEGR*	废气 *PFEGR*	固废 *PFEGR*	劳力 *PFEGR*	能耗 *PFEGR*
2005	0.390	0.465	0.264	1.000	1.000
2006	0.375	0.490	0.280	1.000	0.999
2007	0.275	0.508	0.287	1.000	1.000
2008	0.487	0.574	0.280	1.000	1.000
2009	0.248	0.556	0.846	1.000	1.000
平均	0.355	0.519	0.391	1.000	1.000

通过对齐齐哈尔市每年各项偏要素生态效率的分析中可以看出：

（1）齐齐哈尔市的具体各项偏要素生态效率不高，特别是废水偏要素生态效率、废气偏要素生态效率和固废偏要素生态效率是相当低下的，其5年来的平均值分别为0.243、0.355和0.270，大大低于其在 DEA – BCC 模型下计算出来的技术效率水平0.684，说明这三项环境影响是导致齐齐哈尔市每年纯技术效率未能达到有效生产前沿面的直接原因，也是齐齐哈尔市在环境生产中的劣势项目。

（2）从每项投入要素的 *PFEGR* 值来看，虽然劳动力和单位 GDP 能耗的 *PFEGR* 值为 1，即每年都达到了自身既定的生产技术水平的要求，但是可以看出劳动力和单位 GDP 能耗的偏要素效率 5 年平均值仅为 0. 684，也就是与处在有效生产前沿面地区的最佳投入进行比较的话，都各自尚有 31. 6% 的提升空间。

因此对齐齐哈尔市来说，若想提高其总体的生态效率水平，首先需要改善的是其废水、废气和固体废弃物等工业三废的生态效率，如果先将齐齐哈尔市三废的偏要素效率各自都提升至其同期 DEA – BCC 模型下计算出来的技术效率水平后，那么齐齐哈尔市的总体生态效率必然会随之而有较大幅度的改善，然后再逐步改善劳动力和单位 GDP 能耗的偏要素效率，这样的话才能使齐齐哈尔地区的生态效率水平逐步达到有效生产前沿面状态。

6. 1. 2. 2　鸡西偏要素生态效率分析

鸡西市在 2005 ~ 2009 年各种投入项目的偏要素效率每年的纯技术效率值 PE 以及每种要素的 PFEGR 值汇总形成表 6-9 和表 6-10。

表 6-9　鸡西各项偏要素效率及纯技术效率统计结果

Table 6-9　Statistical results for partial factor efficiency and pure technical efficiency of Jixi

	废水 *PFE*	废气 *PFE*	固废 *PFE*	劳力 *PFE*	能耗 *PFE*	*PE*
2005	0. 714	0. 647	0. 1	0. 714	0. 528	0. 709
2006	0. 434	0. 193	0. 086	0. 682	0. 522	0. 682
2007	0. 462	0. 365	0. 114	0. 686	0. 529	0. 686
2008	0. 479	0. 617	0. 091	0. 705	0. 536	0. 705
2009	0. 818	0. 518	0. 15	0. 818	0. 619	0. 644
平均	0. 581	0. 468	0. 108	0. 721	0. 547	0. 685

表6-10 2005~2009鸡西各项要素*PFEGR*计算结果

Table 6-10 Statistical results for PFEGR of each partial

factor efficiency of Jixi during 2005~2009

	废水 *PFEGR*	废气 *PFEGR*	固废 *PFEGR*	劳力 *PFEGR*	能耗 *PFEGR*
2005	1.007	0.913	0.141	1.007	0.745
2006	0.636	0.283	0.126	1.000	0.765
2007	0.673	0.532	0.166	1.000	0.771
2008	0.679	0.875	0.129	1.000	0.760
2009	1.270	0.804	0.233	1.270	0.961
平均	0.853	0.681	0.159	1.055	0.800

从鸡西的各种偏要素效率计算结果来看：

(1)只有劳动力偏要素的效率水平在每年都达到或超过了其同期自身的技术效率水平(即*PFEGR*的值大于或等于1)，而废水的偏要素效率只是在2005和2009年间才超过同期的整体的技术水平，在2006~2008年间仅达到同期技术效率水平的百分之六十多。

(2)虽然鸡西市的废水、废气、固废和单位GDP能耗的偏要素效率每年大小变化不定，但是可以看出从2006年以来，废水、废气、固废和单位GDP能耗的偏要素效率与其自身整体环境生产的纯技术效率(PE)水平之间的差距不断在缩小，即*PFEGR*是呈现出逐步改善的趋势。

(3)导致鸡西市每年未能达到环境技术有效的原因不大相同，比如2005年主要是由于废气和单位GDP能耗的偏要素效率较低；2006~2008年则是废水、废气、固体废弃物和单位GDP能耗的偏要素效率都未能达到自身环境生产技术效率水平所致；2009年，虽然废水和劳动力的偏要素效率超过了自身总体综合技术效率水平，但是由于废气和固体废弃物的偏要素效率较低，特别是固废的偏要素效率大大影响了鸡西市整体的环境生产综合技术效率，从而使其未能达到有效生产前沿面的技术水平。

所以对于鸡西市来说，首要的任务是改善其固体废弃物的偏要素生产效率，它是导致鸡西市在各年没有达到技术有效的主要或根本原因。

6.1.2.3 鹤岗偏要素生态效率分析

鹤岗市在 2005～2009 年各种投入项目的偏要素效率每年的纯技术效率值 *PE* 以及每种要素的 *PFEGR* 值汇总形成表 6-11 和表 6-12。

表 6-11　鹤岗各项偏要素效率及纯技术效率统计结果

Table 6-11　Statistical results for partial factor efficiency and pure technical efficiency of Hegang

	废水 *PFE*	废气 *PFE*	固废 *PFE*	劳力 *PFE*	能耗 *PFE*	*PE*
2005	0.663	0.507	0.033	0.753	0.537	0.753
2006	0.065	0.454	0.1	0.708	0.488	0.708
2007	0.063	0.348	0.119	0.67	0.483	0.67
2008	0.109	0.392	0.103	0.693	0.502	0.693
2009	0.404	0.421	0.095	0.622	0.568	0.622
平均	0.261	0.424	0.090	0.689	0.516	0.689

表 6-12　2005～2009 鹤岗各项要素 PFEGR 计算结果

Table 6-12　Statistical results for PFEGR of each partial factor efficiency of Hegang during 2005～2009

	废水 *PFEGR*	废气 *PFEGR*	固废 *PFEGR*	劳力 *PFEGR*	能耗 *PFEGR*
2005	0.880	0.673	0.044	1.000	0.713
2006	0.092	0.641	0.141	1.000	0.689
2007	0.094	0.519	0.178	1.000	0.721
2008	0.157	0.566	0.149	1.000	0.724
2009	0.650	0.677	0.153	1.000	0.913
平均	0.375	0.615	0.133	1.000	0.752

从鹤岗的各种偏要素效率计算结果来看：

(1)和鸡西一样，鹤岗在此期间也只有劳动力偏要素的效率水平在每年都达到或超过了其同期自身的技术效率水平(即 PFEGR 值大于或等于 1)。

(2)鹤岗在固废的偏要素效率明显过低，而且有的年份竟然达到了 0.033 的超低水平，5 年来整体的固废偏要素效率还不足 0.1；而废水的偏要素效率在个别年份里也是低于 0.1 的水平的，虽然废水偏要素效率平均值为 0.261，但也是远远低于其基于 BCC 模型下的纯技术效率的平均水平 0.689，所以说废水和固废两项环境影响是导致鹤岗环境生产技术效率低下的主要因素。

(3)虽然鹤岗的单位 GDP 能耗的偏要素效率平均水平稍高于齐齐哈尔和鸡西，但是鹤岗单位 GDP 能耗的 *PFEGR* 的 5 年均值仅为 0.752；低于鸡西的 0.8，更是没有达到齐齐哈尔的 1 的水平，主要原因在于鹤岗的纯技术效率水平要高于齐齐哈尔和鸡西所致。

对于鹤岗市来说，其提高固废的偏要素效率固然是首要任务，但是同时应该看到其废水的偏要素效率有可能再次出现下降的可能性，这是应当注意的；虽然废水和固废的偏要素效率低下是导致鹤岗整体技术效率未达到有效生产前沿面的主要因素，但是从废气和单位 GDP 能耗的 *PFEGR* 小于 1 的事实也能反映出，废气和单位 GDP 能耗也是导致鹤岗整体技术效率未达到有效生产前沿面的重要因素。

6.1.2.4　双鸭山偏要素生态效率分析

双鸭山市在 2005～2009 年各种投入项目的偏要素效率每年的纯技术效率值 PE 以及每种要素的 *PFEGR* 的值汇总形成表 6-13 和表 6-14。

表 6-13 双鸭山各项偏要素效率及纯技术效率统计结果

Table 6-13 Statistical results for partial factor efficiency and pure technical efficiency of shuangyashan

	废水 *PFE*	废气 *PFE*	固废 *PFE*	劳力 *PFE*	能耗 *PFE*	*PE*
2005	0.841	0.467	0.131	0.841	0.609	0.831
2006	0.572	0.626	0.203	0.86	0.616	0.86
2007	0.659	0.608	0.125	0.837	0.621	0.837
2008	0.452	0.267	0.088	0.94	0.628	0.94
2009	0.983	0.057	0.203	0.983	0.709	0.71
平均	0.701	0.405	0.150	0.892	0.637	0.836

表 6-14 2005~2009 双鸭山各项要素 PFEGR 计算结果

Table 6-14 Statistical results for PFEGR of each partial factor efficiency of Shuangyashan during 2005~2009

	废水 *PFEGR*	废气 *PFEGR*	固废 *PFEGR*	劳力 *PFEGR*	能耗 *PFEGR*
2005	1.012	0.562	0.158	1.012	0.733
2006	0.665	0.728	0.236	1.000	0.716
2007	0.787	0.726	0.149	1.000	0.742
2008	0.481	0.284	0.094	1.000	0.668
2009	1.385	0.080	0.286	1.385	0.999
平均	0.866	0.476	0.185	1.079	0.772

从表 6-13 和表 6-14 中可以看出：

（1）双鸭山的情况和鹤岗的情况大体上相似，在此期间也只有劳动力偏要素的效率水平在每年都达到或超过了其同期自身的技术效率水平。

（2）双鸭山同样也是固废的偏要素效率明显过低，其固废偏要素效率值最低为 2008 年的 0.088，5 年来整体的固废偏要素效率仅为

0.15，但是双鸭山和鹤岗情况有所不同的是，它在废气的偏要素效率相对低些，年均仅为0.476，不过双鸭山废气的偏要素效率主要是由于在2008年和2009年的不断下降，特别是在2009年竟然达到了0.057的超低水平，所以尽管在2009年双鸭山在废水、固废、劳动力和GDP单位能耗的偏要素效率比2008年有了巨大改善，但是由于在废气这项偏要素效率上的急剧恶化，最终导致鸡西整体上环境生产的技术效率比2008年有了大幅度的下降。

对于双鸭山市来说，其提高固废的偏要素效率同样是其首要任务，但是同时应该看看其废气的偏要素效率自从2006年以来一直呈现出下降的趋势，而且呈现出大幅下降的趋势，所以如何扭转废气偏要素下降趋势并有效提升废气的偏要素效率也具有同等重要任务。

6.1.2.5 伊春偏要素生态效率分析

伊春地区在2005~2009年各种投入项目的偏要素效率每年的纯技术效率值PE以及每种要素的PFEGR的值汇总形成表6-15和表6-16。

表6-15 伊春各项偏要素效率及纯技术效率统计结果

Table 6-15 Statistical results for partial factor efficiency and
pure technical efficiency of Yichun

	废水 *PFE*	废气 *PFE*	固废 *PFE*	劳力 *PFE*	能耗 *PFE*	*PE*
2005	0.139	0.316	0.18	0.55	0.551	0.55
2006	0.109	0.569	0.215	0.569	0.569	0.569
2007	0.142	0.579	0.208	0.579	0.579	0.579
2008	0.186	0.376	0.242	0.585	0.584	0.585
2009	0.633	0.372	0.311	0.633	0.626	0.612
平均	0.242	0.442	0.231	0.583	0.582	0.579

表6-16 2005~2009伊春各项要素*PFEGR*计算结果

Table 6-16 Statistical results for PFEGR of each partial factor efficiency of Yichun during 2005~2009

	废水 *PFEGR*	废气 *PFEGR*	固废 *PFEGR*	劳力 *PFEGR*	能耗 *PFEGR*
2005	0.253	0.575	0.327	1.000	1.002
2006	0.192	1.000	0.378	1.000	1.000
2007	0.245	1.000	0.359	1.000	1.000
2008	0.318	0.643	0.414	1.000	0.998
2009	1.034	0.608	0.508	1.034	1.023
平均	0.408	0.765	0.397	1.007	1.005

对于伊春地区来说，一方面导致伊春地区环境生产纯技术效率水平低下的直接原因是其废水和固废的偏要素效率低下问题（伊春地区的废水和固废的偏要素效率分别为0.242和0.231），所以提高伊春地区的废水和固废的偏要素效率是其当务之急；另一方面，虽然其劳动力和单位GDP能耗的偏要素效率略微超过了同期的基于BCC模型下计算的伊春整体的纯技术效率，但是应该看看其劳动力和单位GDP能耗的偏要素效率其实并不高，其各年平均值也分别仅为0.583和0.582的水平，所以即使将废水和固废的偏要素效率水平提高到了其基于BCC模型下的纯技术效率水平后，其整体的技术效率水平也未必会有太大程度的提高，所以，伊春地区在改善其废水和固废的偏要素效率的同时也应提高其他要素的效率，只有这样才能更快地达到有效生产前沿面的技术水平。

6.1.2.6 佳木斯偏要素生态效率分析

佳木斯市在2005~2009年各种投入项目的偏要素效率每年的纯技术效率值*PE*以及每种要素的*PFEGR*的值汇总形成表6-17和表6-18。

表 6-17 佳木斯各项偏要素效率及纯技术效率统计结果

Table 6-17　Statistical results for partial factor efficiency and pure technical efficiency of Jiamusi

	废水 PFE	废气 PFE	固废 PFE	劳力 PFE	能耗 PFE	PE
2005	0.15	0.376	0.286	0.848	0.848	0.848
2006	0.208	0.444	0.374	0.862	0.862	0.862
2007	0.268	0.146	0.538	0.876	0.876	0.876
2008	0.319	0.65	0.457	0.893	0.893	0.893
2009	0.2	0.811	0.88	0.88	0.88	0.88
平均	0.229	0.485	0.507	0.872	0.872	0.872

表 6-18　2005 ~ 2009 佳木斯各项要素 PFEGR 计算结果

Table 6-18　Statistical results for PFEGR of each partial factor efficiency of Jiamusi during 2005 ~ 2009

	废水 PFEGR	废气 PFEGR	固废 PFEGR	劳力 PFEGR	能耗 PFEGR
2005	0.177	0.443	0.337	1.000	1.000
2006	0.241	0.515	0.434	1.000	1.000
2007	0.306	0.167	0.614	1.000	1.000
2008	0.357	0.728	0.512	1.000	1.000
2009	0.227	0.922	1.000	1.000	1.000
平均	0.262	0.555	0.579	1.000	1.000

　　对于佳木斯市来说废水偏要素效率低下是其薄弱环节，废气和固废的偏要素效率只是在个别年份里偶尔过低，不过在 2008 和 2009 年间已经有所改善，其劳动力和单位 GDP 能耗的偏要素效率则是一直保持着其自身的环境生产技术前沿状态，而且其偏要素效率也很高，所以对于佳木斯市来说，只要在充分提高其废水的偏要素效率

基础上，继续保持其他投入要素的效率水平，则很快容易达到全省的有效生产前沿面的技术水平的。

6.1.2.7 七台河偏要素生态效率分析

七台河市在 2005～2009 年各种投入项目的偏要素效率每年的纯技术效率值 *PE* 以及每种要素的 *PFEGR* 的值汇总形成表 6-19 和表 6-20。

表 6-19 七台河各项偏要素效率及纯技术效率统计结果

Table 6-19 **Statistical results for partial factor efficiency and pure technical efficiency of Qitaihe**

	废水 *PFE*	废气 *PFE*	固废 *PFE*	劳力 *PFE*	能耗 *PFE*	*PE*
2005	0.712	0.317	0.037	0.712	0.39	0.708
2006	0.082	0.345	0.075	0.736	0.375	0.736
2007	0.29	0.2	0.214	0.775	0.775	0.775
2008	0.202	0.23	0.073	0.802	0.394	0.802
2009	0.735	0.21	0.063	0.753	0.446	0.753
平均	0.404	0.260	0.092	0.756	0.476	0.755

表 6-20 2005～2009 七台河各项要素 *PFEGR* 计算结果

Table 6-20 **Statistical results for PFEGR of each partial factor efficiency of Qitaihe during 2005～2009**

	废水 *PFEGR*	废气 *PFEGR*	固废 *PFEGR*	劳力 *PFEGR*	能耗 *PFEGR*
2005	1.006	0.448	0.052	1.006	0.551
2006	0.111	0.469	0.102	1.000	0.510
2007	0.374	0.258	0.276	1.000	1.000
2008	0.252	0.287	0.091	1.000	0.491
2009	0.976	0.279	0.084	1.000	0.592
平均	0.544	0.348	0.121	1.001	0.629

对于七台河市来说，劳动力的偏要素效率是其自身的唯一优势项目，而固废的偏要素效率则是其投入要素中的最薄弱环节，而且固废的年均偏要素效率仅为0.092，而且自2007年以来呈现出明显的下降趋势；此外，其废气的偏要素效率也比较低，年均值仅为0.26，是其薄弱环节。同时也应看到废水和单位GDP能耗的偏要素效率也不是很高，年均值都在0.5以下，所以七台河除了在重点改善其固废和废气的偏要素效率的同时，还应当关注其他三项投入要素的效率改进，这样才能全面地提高其整体的生态效率水平。

6.1.2.8 牡丹江偏要素生态效率分析

牡丹江市在2005～2009年各种投入项目的偏要素效率每年的纯技术效率值 PE 以及每种要素的 $PFEGR$ 的值汇总形成表6-21和表6-22。

表6-21 牡丹江各项偏要素效率及纯技术效率统计结果

Table 6-21 Statistical results for partial factor efficiency and pure technical efficiency of Mudanjiang

	废水 PFE	废气 PFE	固废 PFE	劳力 PFE	能耗 PFE	PE
2005	0.087	0.251	0.176	0.764	0.764	0.764
2006	0.054	0.228	0.208	0.76	0.76	0.76
2007	0.29	0.2	0.214	0.775	0.775	0.775
2008	0.551	0.204	0.213	0.803	0.803	0.803
2009	0.236	0.628	0.856	0.856	0.856	0.856
平均	0.244	0.302	0.333	0.792	0.792	0.792

表 6-22 2005～2009 牡丹江各项要素 PFEGR 计算结果

Table 6-22 Statistical results for PFEGR of each partial factor
efficiency of Mudanjiang during 2005～2009

	废水 *PFEGR*	废气 *PFEGR*	固废 *PFEGR*	劳力 *PFEGR*	能耗 *PFEGR*
2005	0.114	0.329	0.230	1.000	1.000
2006	0.071	0.300	0.274	1.000	1.000
2007	0.374	0.258	0.276	1.000	1.000
2008	0.686	0.254	0.265	1.000	1.000
2009	0.276	0.734	1.000	1.000	1.000
平均	0.304	0.375	0.409	1.000	1.000

从表 6-21、表 6-22 中可以看出，牡丹江的情况近似于两极分化：其劳动力和单位 GDP 能耗的效率每年都能达到其自身的技术效率水平，但是其废水、废气和固废的偏要素效率水平则明显相对低下，所以对于牡丹江来说，改进其三废的效率水平是关键。

通过对牡丹江市每年各项偏要素生态效率的分析中可以看出：

（1）牡丹江市的具体各项偏要素生态效率也不是很高，特别是废水偏要素生态效率、废气偏要素生态效率和固废的偏要素生态效率是相当低下的，其 5 年来的平均值分别为 0.244、0.302 和 0.333，大大低于其在 DEA‐BCC 模型下计算出来的技术效率水平 0.792，说明这三项环境影响是导致牡丹江市每年纯技术效率未能达到有效生产前沿面的直接原因，也是牡丹江市在环境生产中的劣势项目。

（2）从每项投入要素的 *PFEGR* 值来看，牡丹江的情况近似于两级分化：其劳动力和单位 GDP 能耗的效率每年都能达到其自身的技术效率水平（其 *PFEGR* 的值等于 1），但是其废水、废气和固废的偏要素效率水平则明显相对低下（其 *PFEGR* 的值都在 0.5 以下），所以对于牡丹江来说，改进其三废的效率水平是关键。

因此对牡丹江市来说，若想提高其总体的生态效率水平，其大体路径和齐齐哈尔基本相似，即首先需要改善的是其废水、废气和固体废弃物等工业三废的生态效率，然后在逐步改善劳动力和单位GDP 能耗的偏要素效率，这样的话才能使牡丹江市的生态效率水平逐步达到有效生产前沿面状态。

6.2 基于 *PFEPI* 的动态偏要素生态效率分析

6.2.1 废水 *PFEPI* 动态变化分析

通过对黑龙江省 13 市地的废水偏要素 *PFEPI* 的计算结果显示（表6-23）：在2005 ~ 2009 年间，废水的 *PFEPI* 得到改善的地区有哈尔滨、齐齐哈尔、鹤岗、伊春、佳木斯、七台河、牡丹江、黑河和

表6-23 废水 *PFEPI* 各年变化及累计数

Table 6-23 scores and sum for waste water's PFEPI in different periods

	2005 ~ 2006	2006 ~ 2007	2007 ~ 2008	2008 ~ 2009	累计
哈 尔 滨	1.219	1.186	0.927	1.023	1.371
齐 齐 哈 尔	0.924	0.758	1.220	1.429	1.221
鸡 西	0.716	0.931	1.061	1.258	0.890
鹤 岗	1.368	0.675	1.242	1.005	1.153
双 鸭 山	0.776	1.001	0.662	1.064	0.547
大 庆	0.928	1.030	0.936	1.040	0.930
伊 春	1.024	0.963	1.118	1.368	1.508
佳 木 斯	1.310	1.128	1.045	1.026	1.584
七 台 河	1.027	1.985	0.674	0.763	1.048
牡 丹 江	0.871	3.838	0.970	1.025	3.324
黑 河	1.835	0.662	1.021	1.161	1.440
绥 化	0.961	0.932	0.340	2.256	0.687
大 兴 安 岭	8.461	0.714	0.511	0.885	2.732

大兴安岭9个地区，其中 PFEPI 改善最大的是牡丹江地区，累计进步幅度达232.4%，通过对牡丹江地区每年废水 PFEPI 的分解可以看出（表6-24）：牡丹江地区在2006～2007年间，其进步幅度竟然高达283.8%在于其废水的偏要素效率有了438.9%的巨幅提升所致；五年来，牡丹江地区的效率改善幅度累计为170.8%，主要是由于在2008～2009年间效率又发生了57.2%的巨幅下降，所以是最终的累计效率改善幅度仅为170.8%；同时也应看到牡丹江在此期间废水偏要素的生产技术也有了一定的提升，累计技术进步幅度为22.8%，年均进步率为5.3%。

表6-24 牡丹江废水 *PFEPI* 分解

Table 6-24 Decompostion for waste water's PFEPI of Mudanjiang

	效率变化	技术变化	*PFEPI*
2005～2006	0. 618	1. 409	0. 871
2006～2007	5. 389	0. 712	3. 838
2007～2008	1. 900	0. 511	0. 970
2008～2009	0. 428	2. 396	1. 025
累计	2. 708	1. 228	3. 324
平均	1. 283	1. 053	1. 350

表6-25 废水 *PFEPI* 进步地区的指标分解

Table 6-25 Decompostion for waste water's PFEPI of progressed areas

	效率变化	技术变化	*PFEPI*
哈 尔 滨	1. 000	1. 371	1. 371
齐齐哈尔	0. 664	1. 837	1. 220
鹤 岗	0. 610	1. 891	1. 154
伊 春	4. 544	0. 332	1. 508

（续）

	效率变化	技术变化	*PFEPI*
佳 木 斯	1.333	1.188	1.584
七 台 河	1.031	1.016	1.048
牡 丹 江	2.708	1.228	3.324
黑　　河	1.000	1.441	1.441
大兴安岭	1.000	2.733	2.733

从表6-25中可以看出，在哈尔滨等9个*PFEPI*发生效率改善的地区中，技术水平提高的占绝对多数，只有伊春地区的废水环境生产技术水平发生了退步，其余8个地区均是技术水平有了不同程度的提高，其中尤以大兴安岭地区的技术水平提高的最为明显，5年来累计提高了173.3%；而在这9个地区中效率改善对于*PFEPI*提升做出贡献的只有伊春、佳木斯、七台河和牡丹江4个地区；哈尔滨、黑河和大兴安岭3个地区废水的环境生产效率则未发生改变；而齐齐哈尔和鹤岗的废水的环境生产效率出现了较大程度的恶化。

表6-26　*PFEPI*退步地区的指标分解

Table 6-26　Decompostion for waste water's PFEPI of recessed areas

	效率变化	技术变化	*PFEPI*
鸡　　西	1.145	0.777	0.890
双 鸭 山	1.169	0.469	0.548
大　　庆	1.000	0.931	0.931
绥　　化	1.000	0.687	0.687

而从表6-26中可以清楚地看到：导致鸡西、双鸭山、大庆和绥化等地区的废水*PFEPI*发生退步的原因在于：这些地区环境生产技术水平的不断恶化所致，所以要想使鸡西等地区的废水偏要素环境生产率得到改善的话，根源在于提高其环境生产的技术水平，采用

先进的生产技术等来提高其环境生产率。

6.2.2 废气 *PFEPI* 动态变化分析

表 6-27 废气 *PFEPI* 各年变化及累计数

Table 6-27 scores and sum for waste gas's PFEPI in different periods

	2005~2006	2006~2007	2007~2008	2008~2009	累计
哈尔滨	0.896	1.216	0.717	1.028	0.803
齐齐哈尔	0.989	0.998	0.898	0.908	0.805
鸡西	0.264	1.625	1.628	1.023	0.714
鹤岗	0.998	0.626	1.041	0.978	0.637
双鸭山	1.033	0.832	0.404	0.243	0.084
大庆	1.000	1.009	0.967	1.008	0.983
伊春	1.574	0.869	0.578	1.130	0.893
佳木斯	0.930	0.277	3.963	0.907	0.926
七台河	0.895	0.656	0.760	0.792	0.354
牡丹江	1.211	0.497	0.781	1.558	0.732
黑河	0.767	0.815	0.913	0.538	0.307
绥化	0.927	0.651	0.600	0.625	0.227
大兴安岭	0.880	1.112	0.742	0.939	0.682

从表 6-27 中可以看出，全省 13 市地在废气的偏要素环境生产率的变化上全部都是呈现倒退迹象的，而其中衰退比较严重的地区像双鸭山、绥化、黑河和七台河等地区，特别是双鸭山的 *PFEPI* 的累计值竟然仅为 0.084，也就是说其废气的环境生产退步率达到了 91.6%，通过对双鸭山每年的 *PFEPI* 进行分解（见表 6-28）可以看出：双鸭山地区废气环境生产率退步的原因既有其环境生产效率每年的加速衰退，也有其环境生产技术水平的总体下降，但是应该看到其环境生产效率的加速衰退是主要原因，而其环境生产技术水平的下降幅度是逐步得到改善的，所以对于双鸭山来说，如何扭转其

废气的环境生产效率加速下降，并改善和提高其环境生产效率是当务之急，同时提升其废气的环境生产技术水平也是非常必要的。

表6-28 双鸭山废气 *PFEPI* 分解

Table 6-28 Decompostion of waste gas for Shuangyashan

	效率变化	技术变化	*PFEPI*
2005~2006	1.339	0.772	1.033
2006~2007	0.973	0.856	0.832
2007~2008	0.439	0.921	0.404
2008~2009	0.213	1.141	0.243
累计	0.122	0.693	0.084
平均	0.591	0.833	0.539

从表6-29中可以看出，废气的环境生产技术水平下降是导致全省各地废气 *PFEPI* 下降的共同原因，鸡西、鹤岗、双鸭山和七台河4个地区即发生了废气的环境生产效率衰退，又发生了环境生产技术水平的下降，只不过在鸡西和双鸭山两地环境生产效率倒退导致的 *PFEPI* 下降要比环境生产技术水平下降的影响要大些；而齐齐哈尔、佳木斯和牡丹江3地虽然在废气的环境生产效率水平上累计有不同幅度的提高，但是无法弥补由于它们在技术水平上的大幅下降而导致的 *PFEPI* 的下降；哈尔滨、大庆、黑河、绥化和大兴安岭等位于纯技术效率水平前沿的地区只是保持了其环境生产效率的不变，但并未能阻止其环境生产技术水平的下降，从而导致它们 *PFEPI* 的最终下降。

表6-29 黑龙江省各地废气 *PFEPI* 分解

Table 6-29 Decompostion of waste gas' PFEPI for

each areas in Heilongjiang province

	效率变化	技术变化	*PFEPI*
哈 尔 滨	1.000	0.803	0.803
齐齐哈尔	1.254	0.641	0.805
鸡　　西	0.799	0.893	0.714
鹤　　岗	0.829	0.768	0.637
双 鸭 山	0.122	0.693	0.084
大　　庆	1.000	0.983	0.983
伊　　春	1.178	0.759	0.893
佳 木 斯	2.157	0.429	0.926
七 台 河	0.661	0.535	0.354
牡 丹 江	2.500	0.293	0.732
黑　　河	1.000	0.307	0.307
绥　　化	1.000	0.227	0.227
大兴安岭	1.000	0.682	0.682

6.2.3 固废 *PFEPI* 动态变化分析

从表6-30中可以看出，黑龙江省各市地在固废的偏要素环境生产率上也是呈现出倒退迹象的，而且从表6-31中可以看出，导致各地环境生产率下降的根本原因完全归因于各地固废的环境生产技术水平的下降，各地在固废的偏要素环境生产效率上则没有出现恶化，除了位于有效生产前沿面地区保持其环节生产效率水平不变外，其余非有效生产前沿面地区的固废环境生产效率都有了不同程度的改进，像牡丹江固废的环境生产效率提高了387.6%，齐齐哈尔和佳木斯也有超过200多个百分点的提升，鹤岗的效率改进幅度也是有185个百分点，所以对于黑龙江省来说，改进固废的环境生产技术水平是提升其固废环境生产率的决定性因素。

表 6-30 固废 *PFEPI* 各年变化及累计数

Table 6-30 scores and sum for solid waste's PFEPI in different periods

	2005~2006	2006~2007	2007~2008	2008~2009	累计
哈 尔 滨	0.764	1.133	0.950	0.865	0.711
齐齐哈尔	0.795	0.965	0.898	1.136	0.783
鸡　西	0.630	1.022	0.903	0.646	0.376
鹤　岗	1.015	0.900	0.982	0.924	0.829
双 鸭 山	1.045	0.482	0.788	0.938	0.372
大　庆	0.847	0.860	1.012	0.817	0.603
伊　春	0.915	0.799	1.275	0.784	0.732
佳 木 斯	0.895	1.146	0.886	0.904	0.822
七 台 河	0.872	0.973	0.867	0.827	0.608
牡 丹 江	0.952	0.863	0.930	1.022	0.781
黑　河	0.679	0.767	1.143	0.500	0.298
绥　化	0.658	1.152	0.786	0.724	0.431
大兴安岭	0.719	0.993	0.778	1.000	0.556

表 6-31 黑龙江省各地固废 *PFEPI* 分解

Table 6-31 Decompostion of solid waste' PFEPI for

each areas in Heilongjiang province

	效率变化	技术变化	PFEPI
哈 尔 滨	1.000	0.711	0.711
齐齐哈尔	3.354	0.233	0.783
鸡　西	1.509	0.249	0.376
鹤　岗	2.850	0.291	0.829
双 鸭 山	1.542	0.241	0.372
大　庆	1.000	0.603	0.603
伊　春	1.730	0.423	0.732

（续）

	效率变化	技术变化	PFEPI
佳木斯	3.081	0.267	0.822
七台河	1.687	0.360	0.608
牡丹江	4.876	0.160	0.781
黑 河	1.000	0.298	0.298
绥 化	1.000	0.431	0.431
大兴安岭	1.000	0.056	0.056

6.2.4 劳动力 *PFEPI* 动态变化分析

从表6-32和表6-33中可以发现，黑龙江省13市地中劳动力在全省环境生产中偏要素生产率进步最大的是伊春地区，其劳动力 *PFEPI* 累计提高了58.5%，除了在2005~2006年有了0.7个百分点的小幅退步外，伊春在2006~2009年间一直是处于劳动力偏要素生产率逐步进步状态，特别是在2009年其劳动力偏要素生产率的提高幅度竟达30%，除了伊春外，齐齐哈尔、鸡西、鹤岗和七台河也是处于劳动力偏要素生产率进步状态的；其他地区包括哈尔滨等一直处于有效生产前沿面的地区，都出现了劳动力偏要素生产率的衰退迹象。

表6-32 劳动力 *PFEPI* 各年变化及累计数

Table 6-32 scores and sum for labor's PFEPI in different periods

	2005~2006	2006~2007	2007~2008	2008~2009	累计
哈尔滨	0.999	1.029	1.108	0.769	0.877
齐齐哈尔	0.963	1.029	1.116	1.086	1.200
鸡 西	0.916	1.024	1.085	1.006	1.023
鹤 岗	0.944	0.987	1.097	1.099	1.124
双鸭山	0.970	1.019	1.165	0.787	0.907
大 庆	0.885	0.985	1.022	0.732	0.653
伊 春	0.993	1.100	1.117	1.300	1.585

（续）

	2005～2006	2006～2007	2007～2008	2008～2009	累计
佳木斯	0.991	1.032	1.104	0.822	0.927
七台河	0.990	1.036	1.159	0.924	1.099
牡丹江	0.983	1.059	1.126	0.837	0.980
黑　河	0.975	1.053	1.041	0.743	0.793
绥　化	0.973	1.047	1.031	0.848	0.890
大兴安岭	1.001	1.063	1.073	0.806	0.919

表 6-33　黑龙江省各地劳动力 *PFEPI* 分解

Table 6-33　Decompostion of labor' PFEPI for each areas in Heilongjiang province

	效率变化	技术变化	*PFEPI*
哈尔滨	1.000	0.877	0.877
齐齐哈尔	1.955	0.614	1.200
鸡　西	1.647	0.622	1.023
鹤　岗	1.984	0.566	1.124
双鸭山	1.189	0.762	0.907
大　庆	1.000	0.653	0.653
伊　春	3.103	0.511	1.585
佳木斯	1.302	0.712	0.927
七台河	1.742	0.631	1.099
牡丹江	1.894	0.517	0.980
黑　河	1.000	0.793	0.793
绥　化	1.000	0.890	0.890
大兴安岭	1.000	0.919	0.919

6.2.5 单位 GDP 能耗 *PFEPI* 动态变化分析

从表 6-34 和表 6-35 中各地单位 GDP 能耗的 *PFEPI* 结果来看，它是所有投入要素中最为理想的一个，全省 13 个地区的单位 GDP 能耗的偏要素环境生产率都有了较大幅度的提升，绝大多数地区的环境生产率都有了 20 多个百分点的提升，而对全省环境生产率进步的起着共同作用的是各地在单位 GDP 能耗的技术水平上都有了不同程度的进步，在单位 GDP 能耗生产效率方面，除了位于环境生产前沿面的地区没有发生改变外，其余非环境生产前沿面地区的效率水平都有了不同程度的改进。

表 6-34　能耗 *PFEPI* 各年变化及累计数

Table 6-34　scores and sum for energy consumtion's PFEPI in different periods

	2005~2006	2006~2007	2007~2008	2008~2009	累计
哈尔滨	1.037	1.041	1.053	1.065	1.210
齐齐哈尔	1.020	1.044	1.069	1.074	1.223
鸡　　西	1.007	1.050	1.061	1.092	1.224
鹤　　岗	1.011	1.040	1.081	1.093	1.243
双 鸭 山	1.026	1.047	1.055	1.065	1.206
大　　庆	1.041	1.040	1.058	1.053	1.206
伊　　春	1.022	1.049	1.050	1.042	1.172
佳 木 斯	1.022	1.051	1.055	1.058	1.198
七 台 河	1.026	1.061	1.078	1.077	1.264
牡 丹 江	1.034	1.042	1.068	1.056	1.214
黑　　河	1.013	1.037	1.044	1.066	1.170
绥　　化	1.026	1.041	1.040	1.031	1.146
大兴安岭	0.994	1.050	1.063	1.058	1.174

表 6-35 黑龙江省各地能耗 *PFEPI* 分解

Table 6-33 Decompostion of energy consumtion's PFEPI for
each areas in Heilongjiang province

	效率变化	技术变化	*PFEPI*
哈 尔 滨	1.000	1.210	1.210
齐齐哈尔	1.049	1.166	1.223
鸡　　西	1.173	1.044	1.224
鹤　　岗	1.058	1.174	1.243
双 鸭 山	1.165	1.035	1.206
大　　庆	1.000	1.206	1.206
伊　　春	1.136	1.032	1.172
佳 木 斯	1.038	1.155	1.198
七 台 河	1.142	1.107	1.264
牡 丹 江	1.121	1.083	1.214
黑　　河	1.000	1.170	1.170
绥　　化	1.000	1.146	1.146
大兴安岭	1.000	1.174	1.174

从表 6-36 中可以看出，导致全省 13 市地 *MPI* 发生倒退的影响因素不大相同，比如像哈尔滨，导致其总体 *MPI* 未能进步的原因在于其废气、固废和劳动力的偏要素效率的退步幅度较大；而对齐齐哈尔来说则完全是由于其固废的偏要素效率大幅衰退所致；双鸭山地区虽然废水和固废的偏要素效率的退步幅度影响了整体 *MPI* 的提

升，但是可以看出其废气的偏要素效率巨幅衰退应该是绝对占主要原因的。对于全省大部分地区来说，其废气和固废的偏要素效率应该是其整体 MPI 未能提升的主要原因。

表6-36　各种要素 PFEPI 各年变化及累计数

Table 6-36　scores and sum for each factor's PFEPI in different periods

	废水	废气	固废	劳力	能耗	*MPI*
哈 尔 滨	1.371	0.803	0.711	0.877	1.21	0.909
齐齐哈尔	1.221	0.805	0.783	1.200	1.223	0.802
鸡　　西	0.89	0.714	0.376	1.023	1.224	0.861
鹤　　岗	1.153	0.637	0.829	1.124	1.243	0.808
双 鸭 山	0.547	0.084	0.372	0.907	1.206	0.814
大　　庆	0.93	0.983	0.603	0.653	1.206	0.785
伊　　春	1.508	0.893	0.732	1.585	1.172	0.907
佳 木 斯	1.584	0.926	0.822	0.927	1.198	0.846
七 台 河	1.048	0.354	0.608	1.099	1.264	0.912
牡 丹 江	3.324	0.732	0.781	0.980	1.214	0.86
黑　　河	1.44	0.307	0.298	0.793	1.170	0.98
绥　　化	0.687	0.227	0.431	0.890	1.146	0.78
大兴安岭	2.732	0.682	0.056	0.919	1.174	0.597

6.3　本章小结

　　本章运用 DEA 和 MPI 的模型和方法对黑龙江省 13 市地在 2005～2009 年每一年的每一种具体投入要素的偏要素的生态效率进行了计算。通过将某一具体地区该年每种具体投入要素的偏要素效率和该地区在该年整体的纯技术效率对比，本书发现：在经过 DEA －BCC 模型下求得生态效率为纯技术有效的地区有：哈尔滨、大庆等 5 个地区；纯技术效率无效的地区有：齐齐哈尔、鸡西等 8 个地区。从偏要素效率的计算结果来看，劳动力偏要素效率和单位 GDP 的能耗偏要素效率一直位于前二位，而固体废弃物的偏要素效率则一直位于最后，并且只有劳动力的偏要素效率达到或超过了同期的纯技术效率均值。通过对每个纯技术无效地区每种具体投入要素的 PFEGR 的分析来看，导致不同纯技术无效地区的原因不大相同；通过对各种投入要素 PFEPI 的计算中发现，导致全省 13 市地 MPI 发生衰退的影响因素不大相同，但对于全省大部分地区来说，其废气和固废的偏要素效率的下降应该是其整体 MPI 未能提升的主要原因。

7

提升黑龙江省区域
生态效率的路径分析

评价黑龙江省生态效率的目的一是了解生态效率的整体发展水平；二是寻求影响生态效率的关键因素；三是度量黑龙江省节能减排的潜力，四是从政策和制度上寻找黑龙江省生态效率提升的方法和路径。根据第五章和第六章的生态效率实证分析，本文取得了全面、完整并具有启发性的结论，这些结论之间相互印证、相互补充、逻辑一致，形成了对黑龙江省区域生态效率全面立体的认识，避免了以往方法的分析结果的局限性，片面性和零散性。同时，这些结论的实践意义是不言而喻的，它们为解决黑龙江省存在的三废排放环境生产率低、环境生产技术落后等问题提供了有价值的定量依据和科学路径，其政策含义非常明显。依据测算结果和相关结论，本书从企业层面、产业结构层面、政府层面及公众参与层面入手，分析提升黑龙江省生态效率的途径。

7.1 基于企业层面的提升路径

企业是资源经济环境系统中最重要的组成部分。黑龙江省要建立生态大省，建立资源节约型和环境友好型社会，必须对企业的发展提出新的要求。如改变企业生产方式，实现企业生态转型，推行循环经济，实行产品生命周期评价，加大节能减排的力度等，提高原材料和能源的利用效率，降低资源和能源强度，减少"三废"排放，提高废物的循环利用效率，从根源上减少废物排放，从而提高生产经营活动的总体生态效率水平，增强经济持续发展的能力。

7.1.1 树立绿色发展理念

提高生态效率，需要企业必须树立绿色发展的新理念，倡导绿色发展的经营思想，摈弃传统的只注重经济效益的生产经营思想，履行生态环境保护的社会责任。建立起以生态效率为核心的管理机制，培养全体员工的生态效率思想，建立企业生态效率文化。并在企业生产经营活动的采购、生产、销售、消费的各个环节贯彻生态化的理念，综合考虑各个环节的成本因素和生态因素，做到从源头抓起，把绿色生产经营理念落实到生产经营的各个环节，真正做到履行绿色生产和发展的理念，实现资源经济环境系统中的经济效益和生态效益的双赢。

7.1.2 推行清洁生产

清洁生产(Cleaner Production)在不同的发展阶段或者不同的国家有不同的叫法，例如"废物减量化"、"无废工艺"、"污染预防"等。但其基本内涵是一致的，即对产品和产品的生产过程、产品及服务采取预防污染的策略来减少污染物的产生。清洁生产从本质上来说，就是对生产过程与产品采取整体预防的环境策略，减少或者消除它们对人类及环境的可能危害，同时充分满足人类需要，使社会经济效益最大化的一种生产模式。具体措施包括：不断改进设计；使用清洁的能源和原料；采用先进的工艺技术与设备；改善管理；综合利用；从源头削减污染，提高资源利用效率；减少或者避免生产、服务和产品使用过程中污染物的产生和排放。清洁生产是实施可持续发展的重要手段。

如果我们在企业内部大力推行清洁生产，从产品的研发、原材料的选用、生产制作过程、生产完成后的产品使用以及产品的回收等实行清洁生产，并对这一系列的过程进行全面的分析，对可能出现的污染问题进行事先预防和控制，那么生态环境面临的危害势必会大大减轻。因此在企业内部实现清洁生产是实施经济协调发展的必由之路，是符合生态经济发展的根本要求。只有实行清洁生产，实施绿色产品设计、发展清洁生产技术，推行生产全过程控制，才会建立起节能、降耗、减污、增效的资源节约型生产体系，才能实现以尽可能少的环境代价和最少的资源消耗，获取最大的经济发展效益。

7.1.3　实施绿色制造

所谓绿色制造是一种综合考虑资源优化的利用和环境影响的现代制造系统，其目标是使产品从设计、制造、包装、运输、使用到报废处理的整个生命周期对环境影响最小，不损害人体健康，资源的利用效率最高。绿色制造涉及制造问题、环境保护问题、资源优化利用问题等三个领域的内容。绿色制造把产品的整个生命周期内的环境影响都事先考虑进来，并在生产周期的每个环节进行具体的设计与制造。绿色制造的研究一般集中于绿色原材料、绿色设计、绿色生产、绿色包装、绿色使用、绿色回收和处理等全过程的内容。其中绿色制造中的绿色设计是关键，有的研究者用"产品是设计出来的，不是制造出来的"来强调绿色设计在绿色制造中的重要地位，绿色设计在很大程度上决定了材料、工艺、包装以及回收处理的绿色性。实行绿色制造，首先是绿色产品设计，产品设计好了，对环境的影响也就定了。产品设计不能只考虑功能、成本和美学，还要考虑环保材料的选择、产品性能的提高、产品寿命的延长以及产品使用完的拆装和循环使用等。选择经济、可行的回收处理产品的设计方法。要考虑产品结构的可拆卸性。绿色产品设计是并行工程思想的深化，它使并行工程扩展到产品的报废过程。

绿色制造是一种重要的预防性设计思想，在保证产品的质量、性能和成本的前提下，综合考虑环境影响和资源效率的现代产品制造方式，以生态效率为目标，通过改善产品整个生命周期的环境性能，从源头上预防环境污染。使产品从设计、制造、使用到报废整个产品生命周期中不产生环境污染或环境污染最小化，符合环境保护要求，对生态环境无害或危害极少，节约资源和能源，对资源利用率最高，能源消耗最低。

7.1.4　建立生态化的管理机制

不同的经营管理理念，不同的经营管理制度会对企业生产活动有着不同的影响。传统的企业管理模式注重经济效益，忽视生态效益，属于不可持续的管理模式。企业应摒弃落后的管理模式，转向生态化的管理模式，引导企业走可持续发展之路。企业实施生态化的管理模式必须有相应的管理机制做后盾，只有建立完善的生态化管理机制，才能为企业的生态化转型提供制度保障和政策支持。

7.2　基于产业结构层面的提升路径

产业是链接企业的经济纽带，产业结构的布局是否合理关系到资源的使用和配置是否达到最优状态。因此提高黑龙江省的生态效率，还需要从产业层面进行优化和调整，如加快产业结构调整、合理定位区域经济发展战略、构建生态产业链、开发废弃物资源化产业体系、建立绿色产业支撑体系等。从而大幅度降低生产和消费过程中的资源、能源消耗及污染物产生和排放。

7.2.1　加快产业结构调整

加快推进产业结构调整，优化产业布局是提高黑龙江省生态效率又一重要举措。发展资源节约与环境友好型区域，需将全省的产业结构的战略性调整与循环经济的发展相结合，加快资源节约型区域的整体建设。建立生态型产业体系，走可持续发展的道路，提高生态工业的发展，严格控制资源的消耗规模，淘汰高能耗、重污染、低效益的落后生产体系，推动生产要素资源配置的市场化进程，从而减少单位经济产出的废弃物排放量，提高资源的利用率，达到减少环境污染，努力走出一条资源消耗低、环境污染少的新型工业化和现代化道路，带动整体生态效率的提高。为此省级政府应在产业投资政策和项目选择上、对投资方向的鼓励和限制上，向产业结构调整和优化升级方向倾斜，向更多建立生态工业、生态农业和生态第三产业的新结构上倾斜，从而构建工业循环经济的产业体系。

实证分析表明，黑龙江省资源型地区的生态效率大大远离有效生产前沿面的，显示出巨大的投入产出效率差距。因此黑龙江省应加强宏观调控，综合考虑、合理布局，通过对各区域产业结构的战略性调整，建立以高科技为主导的产业结构体系，将粗放型经济转变为集约型经济。促进能源使用和环境污染排放向具有比较优势的地区聚集，这样才能取得产业空间布局的优势。

7.2.2 合理定位区域经济发展战略

由于黑龙江省各市地的类型和定位不同，因此对于建设黑龙江省生态大省的路径和发展模式也不尽相同。根据各市地生态效率评价结果，黑龙江省的13市地可以划分为四种类型：工业生态效率型城市、纯生态效率型城市、资源开发型城市和旅游型城市。

（1）工业生态效率型城市：如哈尔滨和大庆，属于典型的工业增加值和环境影响都较高的城市，但是它们都达到了生态效率有效生产前沿面状态。因此对于这类的城市应当继续实施以下的战略：如建立生态工业园区，加强对重点耗能企业和重点排放企业的监管（如哈药集团），有效遏制高耗能、高排放产业过快增长；实施排污总量控制，加强节能减排，引导工业化城市的产业升级，坚持走新型生态工业化道路，积极发展第三产业。

（2）纯生态效率型城市：如绥化和黑河，这类地区的典型特点是工业增加值不高，但是其环境污染排放都控制在有效范围之内，从而使其生态效率达到有效生产前沿面状态，其中绥化是典型的代表，是全国生态城市建设的试点地区，所以应继续保持其现有的发展战略。

（3）资源开发型城市：主要是鸡西、鹤岗、双鸭山和七台河等四个煤炭型资源城市；对于这类地区，黑龙江省应积极实施开发和保护并举的方针，坚持在开发中保护、在保护中开发，对其区域内的煤炭资源开发做好科学规划。一方面应遵循综合开发、深度加工、高效利用的原则，使其煤炭资源利用效率达到最高，并使其环境污染放量降到最低；另一方面，积极采用清洁生产技术，提高煤炭开采率和劳动生产率，减少物资能源消耗和污染物排放，提高其综合生态效率。

(4) 生态旅游型城市：主要是伊春和大兴安岭；通过对伊春和大兴安岭地区的各种投入产出指标中可以看出，这两个地区的生态效率低下的原因不在于其环境污染排放多，而是其经济产出较少 (GDP 低)，而这两个地区又属于典型的林业资源型地区，因此要想有效提高其生态效率，必须大力发展其林业资源的优势，积极开展生态旅游产业，将旅游开发与生态保护、城市建设、可持续发展相结合，以城市自身作为提高环境承载力的载体，实施旅游产业的清洁化、绿色化和可持续发展，科学规划开展清洁发展机制的实施区域。

7.2.3 构建生态产业链

生态产业链是指生态经济系统中的不同企业之间形成的上下游关系，是生态经济系统的主体，他们在产业链条的不同节点上分别扮演着不同的角色，如生产者、消费者和分解者等，并按照生态产业链的运行规律进行着各种资源的生产、消费和流通。生态产业链上下游之间的整合与协作很大程度上决定着区域生态经济系统内各企业间资源的利用效率，从而有效减少产业链系统内各种废弃物的排放，减低企业的环境成本，提高区域生态经济系统的生态效率，因此合理规划和建设生态产业链是黑龙江省提高整体生态效率的重要途径。

对于规划黑龙江省生态产业链的问题，需要对各市地的生态经济系统进行宏观层面的生态网络设计，综合各地区系统内的各种产业上下游间的关系，根据其技术可行性和经济实用性和环境友好型的需求，对各市地所辖的核心企业及其相关的附属企业进行经济、资源和环境等各方面的整合规划，从而组成单个相对独立、相互共生的工业生态群落，通过共同产品或固废的关联，构成多种物质链接的生态链网络；并且对固废回收利用、废物资源化利用、废品再生循环、污染物化和生化处理等技术，逐渐形成相关企业生态产业链的集成；同时引入高新技术、新产品，延伸各条生态产业链，做大做强，形成新的经济增长点，最终可提升整个区域生态经济系统的生态效率和竞争实力。

7.2.4 开发废弃物资源化产业体系

废弃物具有两重性，它虽然占用大量土地，污染环境，但它本身含有多种有用物质，又是一种资源，如城市垃圾中含有大量有机物，经过分选和加工处理，可作为煤的辅助燃料，也可经过高温分解制取人造燃料油，甚至还可利用微生物的降解作用制取沼气和优质肥料。废弃物资源化是指采取管理和工艺措施从废弃物中回收物质和能源，加速物质和能量的循环，创造经济价值广泛的技术方法。当前黑龙江省开发废弃物资源化产业体系的重点：一是工业废弃物产业利用和开发体系；二是农业废弃物产业利用和开发体系；三是城市垃圾产业化利用和开发体系。

7.2.5 建立产业技术绿色支撑体系

产业技术绿色支撑体系主要是指包括污染治理技术、废物利用技术、具备循环经济思想的城市规划技术路线、避免城市规划的盲区、加强城市管理等。建立产业技术绿色支撑体系的关键是积极采用清洁生产技术，采用无害或低害新工艺、新技术，大力降低原材料和能源的消耗，实现少投入、高产出、低污染，尽可能把对环境污染物的排放消除在生产过程之中。推行清洁生产技术要与产业结构调整相结合，通过清洁生产实现"增产减污"。在具体实际操作中，构筑产业技术绿色支撑体系需要切实做到以下几个方面：一是实施节能降耗工程，开发清洁生产技术；二是实施生态产业工程，开发生态产业链工艺技术；三是实施废弃物利用工程，开发废弃物综合利用技术。

7.3 基于政府层面的提升路径

从政府层面来看，应该利用法法律规政策规范人类的经济行为，保障和支持企业和产业的发展，确保企业和产业政策的具体实施，推进黑龙江省生态经济系统的协调发展，有利于黑龙江省生态效率的整体提高，发挥政府在经济发展中的主导作用。

7.3.1 建立环境税收政策体系

经济的快速发展造成了资源的过量消耗，黑龙江省部分地区资源已经枯竭，在这种资源破坏和环境污染非常严重的情况下，如何保护好环境，是当前面临的一个主要问题。现阶段政府部门应该在节约资源、保护生态环境方面发挥引导作用。在市场机制的作用下，通过税收政策杠杆来促进资源的节约和有效利用，建立完善的环境税收政策体系。如对环境污染的行为征收排污税；对资源的开采与使用征收资源税；对破坏生态的行为征收环保税等，这些多是很好的税收政策体系，是保护环境的一个有效途径。建立起既有利于促进规模扩大和提高经济效益，又有利于节约资源和保护环境的科学环境税收政策体系。

7.3.2 加大环保产业的财政投入

针对黑龙江省环境污染严重的区域，应鼓励发展环保产业，这是能有效抑制环境污染日益严重的途径。但是由于建立环保产业需要大量的资金投入，很多地方不愿意建立环保产业，所以需要政府给予一定的财政支持，加大环保产业的投入力度，把环保产业确认为一项优势产业实施。同时政府部门要发挥政府财政政策的引导作用，引导民间投资主体加大对环保产业的投入力度，鼓励民间资本进入环保产业领域，对民间资本的投入给予减免税优惠待遇，优先考虑环保产业的财政政策性贷款。

7.3.3 完善资源管理体制

应该始终把资源的节约和合理利用放在首要位置，提高资源的利用效率，实现资源的优化配置。然而，由于当前资源管理仍然存在诸多的问题，如资源产权不明晰、资源利益分配机制不健全等，严重影响到黑龙江省经济的可持续发展。所以，要综合利用各种方法与手段，完善资源管理体制，提高资源的高效利用，保护黑龙江省持续发展的自然资源基础。同时要定期对资源进行调查和评价，制定资源开发与利用的长远规划，结合地域空间结构，优化配置自然资源，使经济发展与自然资源配置互相促进，提高自然资源与环境对经济发展的支持作用。

7.3.4　建立区域生态效率评价考核制度

目前黑龙江省各地区都不同程度的显现出环境污染加重的趋势，特别在三废方面，给人类健康带了巨大的伤害，如何让各地政府主管部门及时看清各地各种环境污染的偏要素生态效率，黑龙江省必须建立一套科学完整的生态效率评价方法和评价机制，以具体量化的指标来表述资源节约型和环境友好型区域的实际生态效率发展水平，并通过对量化指标的静态和动态的对比分析，促进和引导所辖地区加快循环经济发展。

7.3.5　建立区域生态效率的创新管理机制

建立创新管理机制的目的主要是处理好黑龙江省政府与所辖区域之间的关系。省级政府主要负责宏观调控，地方政府密切配合。在充分调动地方政府积极性的同时，对地方政府提出一定的要求。主要是明确地方政府制定政策的底线、改革地方政府经济发展绩效考核指标、限制地方政府的资源使用权利，包括环境保护约束、土地使用约束等；二是处理好环境部门与其他部门之间的关系。经济部门也要介入环保，形成与环保部门在不同环节齐抓共管的局面。从长远看，有必要统一政府在资源与环境管理方面的职能，组建国家资源与环境保护的统一主管部门。建立区域生态效率的激励与约束机制，定期对黑龙江省的各个区域进行生态效率评估，并充分吸收群众的监督意见，对那些不严格遵守排污制度的生产者加大惩罚力度，同时对那些做得好的生产者进行奖励。

7.4　基于公众参与层面的提升路径

从社会公众参与的角度来看，黑龙江省生态大省和两型社会建设战略的顺利实施，需要每个社会民众承担起资源节约和环境保护的社会责任。主要应从以下方面来做：

7.4.1　引导公众参与环境保护

要想降低环境污染的程度，除了从企业、产业和政府方面采用一系列措施外，还有一个解决问题的根本途径就在于公众参与。公众是环境保护不竭的动力，良好的公众参与机制有利于促进公众、企业和政府之间的良性互动，形成和谐的社会氛围。公众参与环境保护是解决环境问题，实现可持续发展的重要途径和手段。因此一方面要转变公众思想观念，完善公众参与环境保护机制，增强公众环境保护的道德意识，完善环境宣传教育的各种形式，在全社会营造人人参与环境保护的意识和氛围。鼓励公众多层次参与生态经济建设和环境保护体系。另一方面推进公众参与环保制度建设。公众有了参与环保的积极主动性，还需要制度的保障。在完善的环境保护法律体系下，公众可以参与环境保护的全过程管理。同时环境知情权是公众参与的前提和基础。完善的信息公开制度，可以使公众真正有效地参与环境保护和环境决策中来。最后建立相应的激励机制，通过参与环境影响评价等环境事务活动，实现公众对环境决策的参与，对公众参与提出的意见和建议及时回馈，加强公众参与的积极性。只有充分发挥公众参与环境的主观能动性，充分满足公众环境知情、参与和监督的权利，才能解决环境问题，促进环境与经济社会的协调发展。

7.4.2　培养绿色消费观

绿色消费观，就是倡导消费者在与自然协调发展的基础上，从事科学合理的生活消费，提倡健康适度的消费心理，弘扬高尚的消费道德及行为规范，并通过改变消费方式来引导生产模式发生重大变革，进而调整产业经济结构，促进生态产业发展的消费理念。

社会公众作为消费者，其需求状况和消费行为直接影响到企业生产经营的方向。绿色消费观包括三个层面：转变消费观念，追求自然、健康的消费方式，注重资源节约和环境保护，实现可持续性消费；购买产品和服务时尽量选择无污染、无公害的绿色产品；在消费过程中注重生态环境的保护，正确处置垃圾，减少对环境的负面影响。

7.5 本章小结

本章以提高黑龙江区域生态效率为目的，在前面黑龙江区域生态效率实证分析的基础上，从企业层面、产业结构层面、政府层面及公众参与层面入手，分析提升黑龙江省生态效率的若干途径。其中企业层面和产业结构层面提升黑龙江区域生态效率的核心，政府层面是保障，公众参与层面是关键。各种建议之间互为因果、相互联系，共同作用，一起构成了提升黑龙江区域生态效率的具体措施，共同推动黑龙江省建设生态大省和两型社会的步伐。

8

结　论

　　生态效率问题一直是社会关注的焦点问题，生态效率研究内容广泛，覆盖面广，是一个综合性的课题。目前，关于生态效率的评价理论方法与实践，理论界和实务界远未达成一致性的观点，尤其在评价方法方面，大家还没有达成共识。本文以生态效率为中心，界定了生态效率的内涵及与其相关概念之间的关系，提出了生态效率的评价基本框架，设计了黑龙江省生态效率评价指标体系，分析了生态效率评价的理论模型方法，提出全要素和偏要素框架下生态效率评价方法，并对黑龙江省的 13 市地的生态效率进行实证分析，针对分析的结果提出促进区域生态效率提高的对策和建议，为今后的生态效率评价问题的研究提供一种全新的理论框架。现将其主要工作和结论总结如下：

　　（1）界定了效率及生态效率的内涵，指出生态效率内涵的实质是经济增长、物质减量化和环境污染减少的同时实现，其最终目标是实现经济的持续发展。分析了生态效率与物质减量化、循环经济、经济增长、环境负荷、能源效率及帕累托效率等概念之间的联系与区别。研究了生态效率评价理论研究基础，即效率与公平理论、资源经济学理论、环境经济学理论、生态经济学理论、可持续发展经济学理论构成了生态效率的评价分析基础。同时从生态效率评价主体、评价客体、评价目标、评价指标、评价方法、评价标准等六个方面构建了生态效率评价研究的基本框架。为以后生态效率的评价与测度建立基础。

（2）提出了全要素和偏要素两种视角下的生态效率评价方法。在全要素视角下在引入 Kuosmanen 和 Kortelainen（2005）提出的 DEA 和 Kortelainen（2008）基于 MPI 的生态效率评价过程和思路；在偏要素视角下，提出了基于 PFE 和 PFEPI 的偏要素生态效率评价方法。全要素与偏要素两种视角的结合使生态效率的评价更加全面深入和具体。

（3）设计了黑龙江省生态效率评价指标体系。本文在深入分析黑龙江省经济、资源和环境的现状基础上，结合黑龙江省的具体情况，阐述了生态效率评价指标所具有的特殊性，讨论了生态效率评价指标建立的依据和应遵循的原则，梳理了生态效率评价指标的相关文献，并得出了若干结论和启示，最后从经济、资源和环境三个方面选取了黑龙江省生态效率评价指标体系。

（4）在全要素视角下，运用 DEA 和 MPI 的模型和方法对黑龙江省 13 市地的区域生态效率进行了动态和静态的分析，通过 DEA 视角的静态分析，得出黑龙江省整体生态效率不高，位于有效生产前沿面的地区较少，资源型地区的生态效率较差等初步结论；而经过 MPI 动态视角的分析则显示：全省各地在此期间环境生产总体状况是环境生产效率改善和环境生产技术水平大幅下降并存，但是技术下降的程度要大于技术效率改善的速度，从而导致全省全要素环境生产率的一定程度的下降。

（5）在偏要素视角下，运用 PFE 和 PFEPI 方法进行分析，本文发现黑龙江省 13 市地各项偏要素生态效率的排序为：劳动力偏要素效率和单位 GDP 的能耗偏要素效率一直位于前二位，而固体废弃物的偏要素效率则一直位于最后，而废水和废气的偏要素效率则交替处于第三和第四位之间；只有劳动力的偏要素效率达到或超过了同期的纯技术效率均值；通过对纯技术无效地区每种具体投入要素的PFEGR 的分析来看，导致不同纯技术无效地区的原因不大相同；总体来说固废的偏要素效率低下是其共同原因，而废水和废气效率低下也是非常重要的问题；通过对各种投入要素 PFEPI 的计算中发现，导致全省 13 市地 MPI 发生衰退的影响因素不大相同，但对于全省大部分地区来说，其废气和固废的偏要素效率的下降应该是其整体 MPI 未能提升的主要原因。

(6)提出提升黑龙江区域生态效率的若干途径。本文以提高黑龙江区域生态效率为目的，在前面黑龙江区域生态效率实证分析的基础上，从企业层面、产业结构层面、政府层面及公众参与层面入手，分析提升黑龙江省生态效率的若干途径。其中企业层面和产业结构层面提升黑龙江区域生态效率的核心，政府层面是保障，公众参与层面是关键。各种建议之间互为因果、相互联系，共同作用，一起构成了提升黑龙江区域生态效率的具体措施，共同推动黑龙江建设生态大省和两型社会的步伐。

本文虽然对黑龙江省生态效率的评价进行了较为系统全面的研究，但由于生态效率的研究内容复杂、覆盖面广，对其规律和本质的认识仍然是一个长期的过程，同时需要多学科的渗透和影响。因此关于生态效率的研究还有很多问题需要探讨，鉴于本人研究时间和个人能力的局限，未来还需要进一步的展开研究，如本文在投入指标的选择上还有待深入与拓展、生态效率相关的理论和方法在其他领域中应用以及生态效率的提升手段和政策等也将作为今后进一步努力研究的方向。

参考文献

[1](美)蕾切尔·卡逊. 寂静的春天. 长春：吉林人民出版社，1997.

[2]Donella H. Meadows, Dennis. Meadows. The Limits to Growth, A Report to the Club ofRome. 1992.

[3]The Rio Declaration on Environment and Development. United Nations Conference on Environment and Development, 1992.

[4]Jacqueline Cramer. Early warning: integrating Eco-efficiency aspects into the product development Proeess. Environmental Quality Management, Winter 2000: 1 ~ 10.

[5]Bjrn Stigson. Eco-efficieney: creating more value with less impact. WBCSD, 1992: 5 ~ 36.

[6] OECD. Eco-efficiency. Organization for economic co – operation and development. Paris, France. 1998.

[7]Meier, M. Eco-efficiency evaluation of waste gas Purification systems in the chemical industry. Landsberg L. D. Germany: Ecomed. 1997.

[8]Desimone L D, Popoff F. Eco-efficiency. The Business Link to sustainable Development. 2nded MIT Press, Cambridge, MA. 1998 .

[9]Lehni, M. State-of-Play-Report, World Business Council for Sustainable Development. WBCSD Project on Eco-Efficiency Metrics&Reporting, 1998.

[10]Schaltegger S, Burritt R. Contenmporary Environmental Accounting. Issues, Concepts and Practice. Greenleaf, 2000.

[11] Muller K, Sterm A. Standardized eco-efficiency indicators-reportl: concept Paper. Basel. 2001.

[12]王金南. 发展循环经济是 21 世纪环境保护的战略选择. 环境科学研究，2002 (3)：33 ~ 37.

[13]周国梅，彭昊，曹凤中. 循环经济和工业生态效率指标体系. 城市环境与城市生态，2003，16(6)：201 ~203.

[14]汤慧兰，孙德生. 工业生态系统及其建设. 中国环保产业，2003(2)：14 ~16.

[15] 诸大建, 朱远. 生态效率与循环经济. 复旦学报(社会科学版), 2005(2): 60~66.

[16] Rao D S P, O' Donnell C J, Battese G E. Metafrontier Functions for the Study of Inter-regional Productivity Differences. CEPA Working Paper, Centre for Efficiency and Productivity Analysis, School of Economics, University of Queensland, Brisbane, 2003.

[17] 吕彬, 杨建新. 生态效率方法研究进展与应用. 生态学报, 2006(11): 3898~3906.

[18] Pigou Arthur. The economics of welfare. 4thed. London: Macmillan. 1932.

[19] 李慧明. 环境与可持续发展. 天津: 天津人民出版社, 1998: 24~25.

[20] 莱斯特·布朗. B模式——拯救地球, 延续文明. 北京: 东方出版社, 2003.

[21] 许涤新. 生态经济学探索. 上海: 上海人民出版社, 1985.

[22] 姜学民. 生态经济学概论. 武汉: 湖北人民出版社, 1985.

[23] 马传栋. 生态经济学. 济南: 山东人民出版社, 1986.

[24] 刘思华. 理论生态经济学若干问题研究. 南宁: 广西人民出版社, 1989.

[25] 马传栋. 城市生态经济学. 北京: 经济日报出版社, 1989.

[26] 马传栋, 资源生态经济学. 济南: 山东人民出版社, 1995.

[27] 王松霈. 走向21世纪的生态经济管理. 北京: 中国环境科学出版社, 1997.

[28] 徐嵩龄. 论理性生态人: 一种生态伦理学意义上的人类行为模式. 北京: 社会科学文献出版社, 1999: 419~421.

[29] 刘家顺, 王广凤. 基于"生态经济人"的企业利益性排污治理行为博弈分析. 生态经济, 2007(3): 64~66.

[30] 徐媛媛. 实现"经济人"向"生态人"的转变——对管理理论中人性假设的再思考. 南京林业大学学报(人文社会科学版), 2004, 4(3): 48~51.

[31] 邹方斌. 经济学中的效率评价标准评析. 广州大学学报(社会科学版), 2006, 5(6): 51~53.

[32] World Business Council for Sustainable Development. Measuring Eco-efficiency: A Guide to reporting company Performance. WBCSD. 2000.

[33] UN. A manual for the Preparers and users of eco-efficiency indicators. United Nations Publication UNCTAD/ITE/IPC/. 2003.

[34] Huppes G, Ishikawa M. Quantified Eco-efficiency: An Introduction with applications. Springer. 2007.

[35] Dyckhoff H, Allen K. Measuring Ecological Efficiency with Data Envelopment Analysis (DEA), European Journal of Operational Research, 2001, (13): 312 ~ 325.

[36] Dahlstrom K, Ekins P. Eco-efficiency Trends in the UK Steel and Aluminum Industries: Differenees between Resource Efficiency and Resource Productivity. Journal of Industrial Ecology, 2005, 9(4): 171 ~ 188.

[37] Hoh H, Schoer K, Seibel S. Eco-efficiency indicators in German Environmental Economic Accounting. Statistical Journal of the United Nations, 2002, (19): 41 ~ 52.

[38] 戴铁军, 陆钟武. 钢铁企业生态效率分析. 东北大学学报(自然科学版), 2005, 26(12): 1168 ~ 1173.

[39] 丘寿丰, 诸大建. 我国生态效率指标设计及其应用. 科学管理研究, 2007, 25 (1): 20 ~ 24.

[40] 丘寿丰. 中国区域经济发展的生态效率研究. 能源与环境, 2008, (4): 8 ~ 13.

[41] 商华, 商越. 从生态效率角度评价生态工业园建设. 中国新技术产品, 2009 (11).

[42] 顾晓薇, 王青. 可持续发展的环境压力指标及其应用. 冶金工业出版社, 2005.

[43] 李涛, 岳兴懋, 范例. 赫尔曼·戴利及其生态经济理论评述. 中国人口·资源与环境, 2006, 16 (2): 27 ~ 31.

[44] 陈一壮, 何嫣. 莱斯特·布朗生态经济理论述评. 中南大学学报] 社会科学版), 2005, 11(4): 446 ~ 452.

[45] 李周. 生态经济理论与实践的进展. 中国社会科学院院报, 2008(3): 17 ~ 19.

[46] 李永东, 路杨. 生态经济发展研究综述. 宁夏社会科学, 2007(5): 48 ~ 51.

[47] 冯久田. 基于循环经济的生态工业理论研究与实证分析. 武汉工业大学, 2005.5.

[48] 刘薇. 区域生态经济理论研究进展综述. 北京林业大学学报(社会科学版), 2009(3): 142 ~ 147.

[49] Seiji Hashimoto, Yuichi Moriguchi. Proposal of six indicators of material cycles for describing society's metabolism: from the viewpoint of material flow analysis. Resources, Conservation and Recycling, 2004: 185 ~ 200.

[50] Hoffren J. Measuring the eco-efficiency of welfare generation in a national economy. Tampere University, 2001.

[51] Morioka T, Tsunemi K, Yamaxnoto Y, et al. Eco-efficiency of Advanced Loop-closing Systems for Vehicles and Household Appliances in Hyogo Eco – town: A Case Study of Solid Waste Management. Journal of industrial Ecology, 2005, 9（4）: 205～221.

[52] 邱寿峰. 循环经济规划的生态效率方法及应用. 上海: 同济大学, 2007.

[53] 孙源远. 石化企业生态效率评价研究. 大连: 大连理工大学, 2009.

[54] 王军, 周燕, 刘金华, 岳思羽. 物质流分析方法的理论及其应用研究. 中国人口·资源与环境, 2006, 16（4）: 60～63.

[55] 黄和平, 毕军, 张炳, 等. 物质流分析研究述评. 生态学报, 2007, 27（1）: 368～379.

[56] 夏传勇. 经济系统物质流分析研究述评. 自然资源学报, 2005, 20（5）: 415～421.

[57] 张炳, 黄和平, 毕军. 基于物质流分析和数据包络分析的区域生态效率评价——以江苏省为例. 生态学报, 2009, 29（5）: 2474～2679.

[58] Hukkinen J. Eco-efficiency as abandonment ofnature [J]. Ecological Economics, 2001(38): 311～315.

[59] WWF International. Living Planet Report. 2008.

[60] Hunter C. Sustainable tourism and the tourist ecological footprint. Environment, Development and Sustainability, 2002, (1).

[61] Gossling S, Hansson C B, Horstmeier O, et al. Ecological footprint analysis as a tool to assess tourism sustainability. Ecological Economics, 2002, (43).

[62] Pattersona T M, Niccoluccib V, Bastinaonib S. Ecological footprint accounting for tourism and consumption in Val di Merse, Italy. Ecological Economics, 2007: 3～4.

[63] Peeters P, Schouten F. Reducing the ecological footprint of inbound tourism and transport to Amsterdan. Jouranl of Sustainable Tourism, 2006, (2).

[64] 李兵, 张建强, 权进民. 企业生态足迹和生态效率研究. 环境工程, 2007, 25（6）: 85～88.

[65] 王菲凤, 陈妃. 福州大学城校园生态足迹和生态效率实证研究. 福建师范大学学报（自然科学版）, 2008, 15（9）: 84～89.

[66] 黄娟, 冯旷. 生态足迹法在上市公司财务生态效率评价中的应用研究. 财会通讯, 2010, (4): 156～157.

[67] 李斌, 陈东景. 基于生态足迹的饭店生态效率计算. 东方论坛, 2011, (1): 98~101.

[68] 李广军, 顾晓薇, 王青, 等. 沈阳市高校生态足迹和生态效率研究. 资源科学, 2005, 27(6): 140~146.

[69] 高前善. 生态效率—企业环境绩效审计评价的一个重要指标. 经济论坛, 2006 (7): 87~88.

[70] Fare R, Grosskopf, Lovell, Yaisawarng C A K. Derivation Of shadow prices for undesirable outputs: A distance function approach. The Review of Economics and Statistics, 1993, 75(2): 374~380.

[71] Haynes K E, Ratick S, Cummings - Sexton J. Pollution Prevention frontiers: A data envelopment simulation. Environmental Program Evaluation: A Primer Urbana University of Illinois Press, 1997.

[72] Reinhard S, Lovell C A K, Thijssen G J. Econometric estimation of technical and environmental efficiency: An application to Dutch dairy farms. American Journal of Agricultural Economics, 1999, 81(1): 44~60.

[73] ReinhardS, Lovell C A K, Thijssen G J. Environmental efficiency with multiple environmentally detrimental variables: estimated with SFA and DEA. European Journal of Operational Research, 2000, (121): 287~303.

[74] Fare R, Grosskopf S, Lovell C A K, Pasurka C. Multilateral Productivity comparisons when some outputs are undesirable: A nonparametric approach. The Review of Economics and Statistics, 1989, 71(1): 90~98.

[75] Tyteca D. Linear programming models for the measurement of environmental Performance of firms - concepts and empirical results. Journal of Productivity Analysis, 1997, 8(2): 183~198.

[76] Dyckhoff H, Allen K. Measuring ecological efficiency with data envelopment analysis. European Journal of Operational Research, 2001, (132): 312~325.

[77] Sarkis J. Eco-efficiency: how data envelopment analysis can be used by managers and researchers. Proceedings of SPIE, 2001, (4193): 194~203.

[78] Pekka J. Korhonen, Mikulas Luptacik. Eco-efficiency analysis of Power Plants: An extension of data envelopment analysis. European Journal of Operational Research, 2004, (154): 437~446.

[79] Kuosmanen T, Kortelainen M. Measuring eco-efficiency of Production with data en-

velopment analysis. Journal of industrial Ecology, 2005, 9(4): 59~72.

[80] Charnes A, CooPer W W, Rhodes E L. Measuring the efficiency of decision making units. European Journal of Operation Researeh, 1978, 2(6): 429~444.

[81] Lovell C A K, Pastor J T, Turner J A. Measuring macroeconomic Performance in the OECD: a comparison of European and non-European countries. European Journal of Operational Research, 1995, (87): 507~518.

[82] Yaisawarng S, Klein J D. The effects of sulfur – dioxide controls on Productivity change in theUnited States electric – power industry. Review of Economics and Statistics, 1994, (76): 447~460.

[83] Poit – Lepetit I, Vermersch D, Weaver R D. Agriculture's environmental externalities: DEA evidence for French agriculture. Applied Economics, 1997 (29): 331~338.

[84] Haynes K. E, Ratick S, Bowen W M, et al. Environmental decision models: U. S. experience and a new approach to pollution management. Environment International, 1993, (19): 261~275.

[85] Haynes K. E, Ratick S, Bowen W M, et al. Toward a pollution abatement monitoring policy: Measurements, model mechanics, and data requirements. The Environmental professional, 1994, (16): 292~303.

[86] Sarkls J, Cordeiro J. An investigation of the relation ship between environmental and financial performance of organizations. In: Neerly AD, Waggoner DB(eds) Conference Proceedings of performance Measurement-Theoy and Practice, Cambridge, U. K. 1998.

[87] Tyteca D. On the measurement of environmental Performance of firms-a literature-review and a productive efficiency Perspective. Journal of Environmental Management, 1996, (46): 281~308.

[88] 张炳, 毕军, 黄和平. 基于 DEA 的企业生态效率评价: 以杭州湾精细化工园区企业为例. 系统工程理论与实践, 2008, (4): 160~188.

[89] 杨斌. 2000~2006 年中国区域生态效率研究—基于 DEA 方法的实证分析. 经济地理, 2009, 29(7): 1198~1102.

[90] 杨文举. 中国地区工业的动态环境绩效: 基于 DEA 的经验分析. 数量经济技术经济研究, 2009, (6): 87~98.

[91] 段显明, 宗接亮. 基于 DEA 的中国工业各行业生态效率分析. 环境与能源,

2009, (22): 91.

[92] 王宏志, 高峰, 刘辛伟. 基于超效率 DEA 的中国区域生态效率评价. 生态环境, 2010, (6): 64~67.

[93] 武玉英, 何喜军. 基于 DEA 方法的北京可持续发展能力评价. 系统工程理论与实践, 2006, (3): 118~123.

[94] Vogtlander J G, Bijma A. Communicating the eco-efficiency of Products and services by means of eco-cost value model. Journal of Cleaner Production, 2002, (10): 57~67.

[95] Hellweg S, Doka G, et al. Assessing the Eco-efficiency of End-of-Pipe Technologies with the Environmental Cost Efficiency Indicator: A Case Study of Solid Waste Management. Journal of Industrial Ecology, 2005, 9(4): 189~203.

[96] Jollands N, Lermit J. Aggregate eco-efficiency forNew Zealand-a principal components analysis. Journal of Environmental Management, 2004, 73: 293~305.

[97] 武春友. 资源效率与生态规划管理. 清华大学出版社, 2006.

[98] Desimone, Popoff F. Eco-efficiency: the business link to sustainable development. Cambridge, Massachusetts: MIT Press(MA), 1997.

[99] Helminen R. Developing tangible measures for eco-efficiency: The case of the Finnish and Swedish Pulp and Paper industry. Business Strategy and Environment, 2000, (9): 196~210.

[100] Sehmidheiny S. Changing Course. MIT Press, Cambridge, MA, 1992.

[101] Fussler C, James P. Driving Eco Innovation. A Breakthrough Discipline for Innovation and Sustainability. Pitman, London, 1996.

[102] Wall-Markowski C, Kicherer A, Wittlinger R. Eco-efficiency: inside BASF and beyond. Management of Environmental Quality, 2005, 16(2): 153~160.

[103] Opschoor H, et al. Towards a Sustainable Industrial Metabolism: Economic and Policy Strategies for Dematerialisation in Technology, Production and Consumption (Project Proposal for the European Commission). Free University of Amsterdam, 1995.

[104] WBCSD. Eco-efficient Leadership for lmproved Economic and Environmental Performance. World Business Council for Sustainable Development. Geneva, 1998.

[105] NRTEE. Measuring Eco-Efficiency in Business: Backgrounder. National Round Table on the Environmental and the Economy. Task Force on Eco-Efficiency. Canada, 1997.

[106] Kerr W, Ryan C. Eco-efficiency gains from remanufacturing: A case study of Photo-copierRemanufacturing at Fuji Xerox Australia. Jamal of Cleaner Production, 2001, (9): 75 ~81.

[107] Park P J, Tahara K, et al. Comparison of four methods for integrating environmental and economic aspects in the end-of-life stage of a washing machine. Resources Conservation & Recycling, 2006, (48): 71 ~85.

[108] Park P J, Tahara K, Inaba A. Product quality-based eco-efficiency applied to digital cameras. Journal of Environmental Management, 2007, (83): 158 ~170.

[109] Fuse K, Horikoshi Y, Kumai T, et al. Application of eco-efficiency factor to mobile Phone and scanner. Proceedings of Eco-Design 2003: Third International Symposium on Environmentally Conscious Design and Inverse Manufacturing. Tokyo, Japan. 2003.

[110] Sarkis J, Dijkshoom J. Eco-efficiency of solid waste management in Welsh SMEs. Environmentally Conscious Manufacturing, 2005, (45): 59 ~97.

[111] Nieuwlaar E, Warringa G, Brink C, et al. Supply curves for Eco-efficient Environmental Improvements Using Different Weighting Methods. Journal of Industrial Ecology, 2005, 9(4): 85 ~96.

[112] Roland W, Scholz, Amim Wiek. Operational Eco-efficiency, Comparing Firm's Environmental Investments in Different Domains of Operation. Journal of Industrial Ecology, 2005, 9(4): 155 ~170.

[113] Gavin Hilson. An Examination of Environmental Performance and Eco-efficiency in the North American Gold Mining Industry. University of Toronto, 2000.

[114] Van Berkel R, Narayannswamny V. Eco-efficiency for Design and Operation of Minerals Processing Plants. In: CHEMECA 2005, Brisbane: Institute for ChemicalEngineering Australia, 2005.

[115] Park J, Cha K, Hur T, et al. Tackling challenges in measuring and communicating eco-efficiency. Proceedings of the 2006 IEEE International Symposium on Electronics and the Environment, 2006.

[116] Raymond Cote, Aaron Booth, Bertha Louis. Eco-efficiency and SMEs inNova Scotia, Canada. Journal of Cleaner Production, 2006(14): 542 ~550.

[117] Hua Z, Bian Y, Liang L. Eco- efficiency analysis of paper mills along the Huai River: An extended DEA approach. Omega, 2007, 35(5): 578 ~587.

[118] 李栋雁，董炳南. 山东省区域生态效率研究. 资源节约与环保, 2010, (11)：68~69.

[119] Huisman J, Stevels A L N, Stobbe I. Eco-efficiency Considerations on the End-of-Life of Consumer Electronic Products. IEEE Transactions on Electronics Packing Manufacturing, 2004(27)：9~25.

[120] Marcio D'Agosto, Suzana Kahn Ribeiro. Eco-efficiency management program (EE-MP) a model for road fleet operation. Transportation Research Part D: Transport and Environment, 2004, 9 (6)：497~511.

[121] Dominique Maxime, Michele Marcotte, Yves Arcand. Development of eco-efficiency indicators for the Canadian food and beverage industry. Journal of Cleaner Production, 2006, 14 (627)：636~648.

[122] Stefanie Hellweg, Gabor Doka, Ge ran Finnveden, et al. Assessing the Eco-efficiency of End-of-Pipe Technologies with the Environmental Cost Efficiency Indicator. Journal of Industrial Ecology, 2005, 9(4)：189~203.

[123] Huisman J, Stevels ALN, Stobbe I. Eco-efficiency considerations on the end-of-life of consumer electronic products. IEEE Transactions on Electronics Packaging Manufacturing, 2004, 27(1)：9~25.

[124] Gjalt Huppes, Masanobu Ishikawa. A Framework for Quantified Eco-efficiency Analysis. Journal of Industrial Ecology, 2005, 9(4)：25~41.

[125] Tohru Morioka, Kiyotaka Tsunemi, Yugo Yamamoto, et al. Eco-efficiency of Advanced Loop-closing Systems for Vehicles and Household Appliances in Hyogo Eco-town. Journal of Industrial Ecology, 2005, 9(4)：205~221.

[126] 廖文杰，蒋文举，王春华，等. 钛白粉生产的生态效率分析. 钛工业进展, 2007(2)：41~44.

[127] 潘煜双，张琳郦. 基于生态效率的企业成本控制. 会计之友, 2008(4)：44~45.

[128] Gavin Hilson. An Examination of Environmental Performance and Eco-efficiency in the North American Gold MiningIndustry. University of Toronto, 2000.

[129] Rene Van Berkel. Eco-efficiency in the Australian mineralsprocessing sector. Journal of Cleaner Production, 2007 (15)：772~781.

[130] Huppes G, Davidson M D, Kuyper J, et al. Eco-efficient Environmental Policy in Oil and Gas Production in the Netherlands. Ecological Economics, 2007(61)：43~

51.

[131] 彭毅，聂规划. 基于 DEA 的煤炭行业企业生态效率评价方法. 煤炭开采, 2011(4): 110 ~ 113.

[132] Maxime D, Marcotte M, Arcand Y. Development of eco-efficiency indicators for the Canadian food and beverage industry. Journal of Cleaner Production, 2006, (14): 636 ~ 648.

[133] Dahlstrom K, Ekins P. Eco-efficiency Trends in the UK Steel and Aluminum Industries: Differences between Resource Efficiency and Resource Productivity. Journal of Industrial Ecology, 2005, 9(4): 171 ~ 188.

[134] Schmidheiny, DeSimone L. Signals of change. Geneva: World Business Council for Sustainable Development, 1997.

[135] Cramer J. Design for eco-efficiency with in the chemical industry: The case of Akzo Nobel. Environmentally Conscious Design and Inverse Manufacturing, 1999.

[136] Morales M A, Herrero V M, Martinez S A, et al. Cleaner Production and Methodological Proposal of Eco-efficiency Measurement in a Mexican Petrochemical Complex. Water Science & Technology, 2006, 153(11): 11 ~ 16.

[137] Helminen R. Developing tangible measures for eco-efficiency: The case of the Finnish and Swedish Pulp and Paper industry. BusinessStrategy and Environment, 2000, (9): 196 ~ 210.

[138] Fare R, Grosskopf S, Tyteca D. An activity analysis model of the environmental performance of firms application to fossil fuel fired electric utilities. Ecological Economics, 1996, 18(2): 161 ~ 175.

[139] 姜孔桥，马永红，李滢，等. 石化行业生态效率研究. 现代化工, 2009(3): 80 ~ 84.

[140] Golany B, Roll Y, Rybak D. Measuring Efficiency of Power Plants in Israel by Data Envelopment Analysis. IEEE Transactions onEngineering Management, 1994, 41 (3): 291 ~ 301.

[141] Pekka J. Korhonen, Mikulas Luptacik. Eco-efficiency analysis of Power Plants: An extension of data envelopment analysis. European Journal of Operational Research, 2004, (154): 437 ~ 446.

[142] Stevels A. Eco-efficiency of take-back systems of electronic Products. Proceedings of the 1999 IEEE International Symposium on Electronics and the Environment. Danve-

rs, MA. 1999.

[143] Park J, Cha K, Hur T, et al. Tackling challenges in measuring and communicating eco-efficiency. Proceedings of the 2006 IEEE International Symposium on Electronics and the Environment, 2006.

[144] 吕彬, 杨建新. 中国电子废物回收处理体系的生态效率分析. 环境工程学报, 2010(1): 183 ~ 188.

[145] Christopher M. Logistics and supply chain management, Strategies for Reducing Cost and Improving Service seconded. Financial Times/Prentice-Hall, London. 1998.

[146] Michelsen O, Fet A M, Dahlsrud A. Eco-efficiency in extended supply chains: A case study of furniture Production. Journal of Environmental Management, 2006, (79): 290 ~ 297.

[147] D' Agosto M, Riberio S K. Eco-efficiency Management Program (EEMP)-A model for Road Fleet Operation. Transportation Research Part D: Transport and Environment, 2004, 9(6): 497 ~ 511.

[148] Breedveld L, TimelliniG, Casoni G, et al. Eco-efficiency of fabric filters in the Italian ceramic tile industry. Journal of Cleaner Production, 2007(15): 86 ~ 93.

[149] Desimone, Popoff F. Eco-efficiency: the business link to sustainable development. Cambridge, Massachusetts: MIT Press(MA), 1997.

[150] 何伯述, 郑显玉. 我国燃煤电站的生态效率. 环境科学学报, 2001, 21(4): 435 ~ 438.

[151] 王菲凤, 刘文伟. 生态效率分析在制浆造纸工业项目环境影响评价中的应用. 安全与环境工程, 2008, 15(1): 10 ~ 13.

[152] 王伟东. 提高体育建筑的生态效率初探. 山西建筑, 2005(9): 9 ~ 10.

[153] 赵曜, 赵尘. 生态效率评价应用于工业人工林采伐的探讨. 森林工程, 2010 (11): 47 ~ 49.

[154] Bloemhof-Ruwaard J M, Van Wassenhove L N, Gabel H L, et al. Environmental life cycle optimization model for the European pulp and paper industry. Omega International Journal of Management Science, 1996, 24(6): 615 ~ 629.

[155] Rudenauer I, Gensch C O, et al. Integrated environmental and economic assessment of Products and processes: A method of eco-efficiency analysis. Journal of Industrial Ecology, 2005, 9(4): 105 ~ 116.

[156] Mickwitz P, Melanen M, Rosenstrom U, et al. Regional eco-efficiency indicators: a

Participatory approach. Journal of Cleaner Production, 2006, 14: 1603 ~ 1611.

[157] Pablo Munoz J, Hubacek K. Material implication of Chile's economic growth: Combining material flow accounting (MFA) and structural decomposition analysis (SDA). Ecological Economics. In Press, Corrected Proof, 2007.

[158] Hinterberger Fr, Bamberger K, Manstein Ch, et al. Eco-efficiency of regions: How to improve competitiveness and create jobs by reducing environmental Pressure. Vienna: Sustainable Europe Research Institute (SERI), 2000.

[159] Bringezu S, et al. International comparison of resource use and its relation to economic growth: The development of total material requirement, direct material inputs and hidden flows and the structure of TMR. Ecological Economics, 2004, 51(12): 97 ~ 124.

[160] Kerr W, Ryan C. Eco-efficiency gains from remanufacturing: a case study of photocopier remanufacturing at Fuji Xerox Australia. Journal of Cleaner Production, 2001, 9(1): 75 ~ 81.

[161] Olli Salmi. Eco-efficiency and industrial symbiosis a counterfactual analysis of a mining community. Journal of Cleaner Production, 2007(15): 1696 ~ 1705.

[162] Subramani Saravanabhavan, Jonnalagadda Raghava Rao. An eco-efficient rationalized leather process. Journal of Chemical Technology & Biotechnology, 2007, 82(11): 971 ~ 984.

[163] Melanen M, Koskela S, Maenpaa I, et al. The Eco-efficiency of Regions-Case Kymenlaak: ECOREG Project 2002-2004. Management of Environmental Quality, 2004.

[164] Grant J. Planning and designing industrial landscapes for eco-efficiency. Journal of Cleaner Production, 1997, 5 (1): 75 ~ 78.

[165] Seppala J, Melanen M. How can the eco-efficiency of a region be measured and monitored. Journal of industrial Ecology, 2005, 9(4): 117 ~ 130.

[166] Hu A H, Shih S H, Hsu C W, et al. Eco-efficiency Evaluation of the Eco-industrial Cluster. Environmentally Conscious Design and Inverse Manufacturing, 2005.

[167] 邱寿丰. 中国区域经济发展的生态效率研究. 节能减排论坛—福建省科协第八届学术年会卫星会议论文专刊, 2008: 8 ~ 13.

[168] 诸大建, 朱远. 从生态效率的角度深入认识循环经济: 中国发展, 2005(1): 6 ~ 11.

[169] 诸大建, 邱寿丰. 生态效率是循环经济的合适测度: 中国人口·资源与环境, 2006, (5): 1~6.

[170] 诸大建, 邱寿丰. 作为我国循环经济测度的生态效率指标及其实证研究. 长江流域资源与环境, 2008, (01): 1~5.

[171] 王妍, 卢琦, 褚建民. 生态效率研究进展与展望. 世界林业研究, 2009, (05): 27~33.

[172] 王震, 石磊, 刘晶茹, 等. 区域工业生态效率的测算方法及应用. 中国人口资源与环境, 2008, (06): 121~126.

[173] 孙源远, 武春友. 工业生态效率及评价研究综述. 科学学与科学技术管理, 2008, (11): 192~194.

[174] 吴小庆, 王远, 刘宁, 陆根法. 基于物质流分析的江苏省区域生态效率评价. 长江流域资源与环境, 2009, (10): 890~895.

[175] 杨文举. 基于 DEA 的生态效率测度—国各省的工业为例. 科学经济社会, 2009, (03).

[176] 张妍, 志峰. 京城市物质代谢的能值分析与生态效率评估. 环境科学学报, 2007, 27(11): 1892~1899.

[177] 马克思. 克思恩格斯全集. 26 卷, 北京: 人民出版社, 1995.

[178] 彼得·克斯洛夫斯基. 伦理经济学原理. 北京: 中国社会科学出版社, 1997.

[179] 阿马蒂亚·森. 伦理学与经济学. 北京: 商务印书馆, 2006.

[180] 艾伦·布坎南. 伦理学、效率与市场. 北京: 中国社会科学出版社, 1982.

[181] 约翰·伊特韦尔, 默·里·米尔盖特, 彼得·纽曼. 新帕尔格雷夫经济学大辞典, 第 2 卷. 北京: 经济科学出版社, 1992: 114.

[182] 保罗·A·萨谬尔森, 威廉·D·诺德豪斯. 《经济学》(第 12 版), 北京: 中国发展出版社, 1992.

[183] 马传栋. 资源生态经济学. 济南: 山东人民出版社, 1995.

[184] 罗伯特·S·平狄克, 丹尼尔·L·鲁宾费尔德. 《微观经济学》, 张军等译, 北京: 中国人民大学出版社, 1997.

[185] 樊刚. 公有制宏观经济理论大纲. 上海: 三联书店, 1990.

[186] WBCSD. Measuring eco-efficiency: A guide to reporting company Performance. World Business Council for Sustainable Development, Geneva, 2000b.

[187] Hertwich, Edgar G. Eco-efficiency and its role in industrial transformation. Working Paper, Institute for Environmental Studies, Free University of Amsterdam,

NL. http：//www. tev. ntnu. no/edgar. hertwich/download/Eco-efficiencyIHDP. pdf. 1997.

[188] Colombo U. the Technology Revolution and the Restructuring of the Global Economy. Globalization of Technology：International Perspectives. J. H. Muroyama and H. G. Stever, eds. Washington, D. C：National Academy Press, 1988.

[189] Cutler J, Cleveland, Matthias Ruth. Indicator of dematerialization and the materials intensity of use：A critical review with suggestions for future research. Journal of Industrial Ecology, 1999, 2(3)：15～50.

[190] Bernardini O, Galli R. Dematerialization：Long-term trends in the intensity of use of materials and energy. Futures, 1993, 25(4)：431～448.

[191] Wernick I, Ausbel J H. National material flows and the environment. Annual Review Energy Environment, 1996, 20：463～492.

[192] Our Common Future. UN World Commission on Environment and Development (WCED), United Nations Conference on the Human Environment-the Stockholm Conference Oxford University Press, 1987.

[193] 陈宗双, 蒲钊胜, 陈念. 发展循环经济实现可持续发展. 成都日报, 2005.

[194] 杜春丽. 基于循环经济的中国钢铁产业生态效率评价研究. 中国地质大学, 2009.

[195] 冯之浚. 循环经济导论. 人民出版社, 2005.

[196] Hardin B C. Tibbs. Industrial Ecology：An Environmental Agenda for Industry, Whole Earth Review 77, December 1992.

[197] 张秉福. 循环经济若干问题探析. 国际技术经济研究, 2005(3)：22～26.

[198] 刘军. 基于生态经济效率的适应性城市产业转型研究. 兰州大学, 2006.

[199] 闫衍. 经济增长结构分析：中国案例研究. 经济科学, 1997(4)：11～14.

[200] 邓南圣, 吴峰. 工业生态学——理论与应用. 北京：化学工业出版社, 2002(5).

[201] 段宁, 邓华. "上升式多峰论"与循环经济. 世界有色金属, 2004(10)：6～8.

[202] 段宁, 邓华. "上升式多峰论"与循环经济(续). 世界有色金属, 2004(11)：9～13.

[203] 吴琦. 中国省域能源效率评价研究. 大连理工大学, 2010.

[204] 江金荣. 软投入制约下的中国能源效率分析. 兰州大学, 2010.

[205] 缪仁余. 能源效率与区域经济增长的差异性研究. 浙江工商大学, 2011.

[206] 丹尼斯·麦多斯. 增长的极限. 吉林: 吉林人民出版社, 1997.

[207] 张建玲. 生产型企业生态经济效率评价研究. 中南大学, 2008.

[208] 艾哈德. 来自竞争的繁荣. 北京: 商务印书馆吗, 1987.

[209] 约翰·罗尔斯. 正义论. 北京: 中国社会科学出版社, 1988.

[210] 艾伦·布坎南. 伦理学、效率与市场. 北京: 中国社会科学出版社, 1982.

[211] 阿瑟·奥肯. 平等与效率. 北京: 华夏出版社, 1999.

[212] 侯元兆. 自然资源与环境经济学(第2版). 北京: 中国经济出版社, 2002.

[213] 刘书楷. 从资源经济学原理论废弃物资源化问题. 农业环境保护, 1991, 10 (8).

[214] 厉以宁, 章铮. 环境经济学. 北京: 中国计划出版社, 1995.

[215] 梁山, 赵金龙, 葛文光编著. 生态经济学. 北京: 中国物价出版社, 2001.

[216] 许先春. 走向未来之路: 可持续发展的理论与实践. 北京: 中国广播电视出版社, 2001.

[217] 马传栋. 资源生态经济学. 济南: 山东人民出版社, 1995.

[218] Lipsey R G, Lancaster K. The General theory of second best. Review of Economic Studies, 1956, 24(1).

[219] Farrell M J. The Measurement of productive Efficiency, Journal of the Royal Statistical Society, 1957, 120(3): 253~281.

[220] Charnes A, Cooper W W, Rhodes E. Measuring the Efficiency of Decision Making Units. European Journal of Operational Research, 1978, 12(6): 429~444.

[221] Banker R D, Charnes A, Cooper W W. Some Models for Estimating Technical and Scale Inefficiencies in Data Envelopment Analysis. Management Science, 1984, 30 (9): 1078~1092.

[222] Banker R D, Charnes A, Cooper W W, et al. Schinnar A. P. An external Principle for Frontier Estimation and Efficiency Evaluations. Management Science, 1981, 27 (12): 1370~1382.

[223] Caves D W, Christensen L R, Diewert W E. Multilateral comparisons of output, input, and productivity using superlative index numbers. Economic Journal, 1982 (92): 73~86.

[224] Caves D W, Christensen L R, Diewert W E. The Economic Theory of Index Number of the Measurement of Input, Output and Productivity. Econometrical, 1982b, 50

(6): 1393 ~ 1414.

[225] Reinhard Stijn, Knox Lovell C A, Geert Thijssen. Econometric Estimation of Technical and Environmental Efficiency: An Application to Dutch Dairy Farms. American Journal of Agricultural Economics, 1999, 81 (1).

[226] Färe R S, Lindgren B, Roos P. Productivity Development in Swedish Hospitals: A Malmquist Output Index Approach in Data Envelopment Analysis, Theory, Methodology and Applications by Charnes, A. , W. W. Cooper, A. Y. Lewin and L. M. Seiford. (Eds.). Boston: Kluwer Academic Publishers, 1994.

[227] Kortelainen M. Dynamic Environmental Performance Analysis: A Malmquist Index Approach. Ecological Economics, 2008, 64 (4): 701 ~ 715.

表 A-1　2005 年数据

2005 年	GDP	废水排放总量	废气排放总量	固体废弃物产生量	各地地区年末在岗职工数	各地区单位GDP 能耗
哈 尔 滨	1830.5	4851	951	946	1483860	1.5
齐齐哈尔	422.4	6062	750	270	343748	1.81
鸡　　西	204.6	1103	250	355	194759	2.4
鹤　　岗	112.6	3220	205	305	150141	2.66
双 鸭 山	146.6	479	233	215	147051	2.05
大　　庆	1400.7	8003	1246	188	456769	1.58
伊　　春	115.9	1704	268	139	214521	2.25
佳 木 斯	241.5	5188	387	120	191097	1.45
七 台 河	100.2	1779	259	380	155015	3.45
牡 丹 江	302.8	9234	437	175	265735	1.53
黑　　河	120.5	232	85	25	116751	1.24
绥　　化	350.8	732	58	25	241316	1.1
大兴安岭	46.1	1831	45	10	95369	1.42

表 A-2 2006 年数据

2006 年	GDP	废水排放总量	废气排放总量	固体废弃物产生量	各地地区年末在岗职工数	各地区单位GDP 能耗
哈 尔 滨	1982.180	3979.5	1061.6806	1238.3	1484887	1.447
齐齐哈尔	466.781	6562.8	758.4076	339.6	356925	1.774
鸡　　西	247.613	1539.9	947.3702	563.3	212697	2.383
鹤　　岗	132.270	2353	205.3571	300.6	158974	2.631
双 鸭 山	198.870	616.9	225.5027	205.7	151626	1.999
大　　庆	1474.679	8623.1	1245.8351	221.9	516045	1.518
伊　　春	137.227	1664.7	170.2952	151.9	216093	2.202
佳 木 斯	290.623	3959.8	416.0698	134.1	192907	1.419
七 台 河	144.309	1732.8	289.3089	435.9	156592	3.363
牡 丹 江	321.749	10603.7	360.7628	183.8	270354	1.48
黑　　河	163.929	126.4	110.8122	36.8	119804	1.224
绥　　化	397.702	762	62.5384	38	248136	1.072
大兴安岭	1982.180	3979.5	1061.6806	1238.3	1484887	1.447

表 A-3 2007 年数据

2007 年	GDP	废水排放总量	废气排放总量	固体废弃物产生量	各地地区年末在岗职工数	各地区单位GDP 能耗
哈 尔 滨	2061.518	3356	873	1093	1442652	1.39
齐齐哈尔	457.850	8661	760	352	346995	1.70
鸡　　西	250.198	1654	583	551	207762	2.27
鹤　　岗	129.374	3485	328	334	161036	2.53
双 鸭 山	189.588	616	271	427	148734	1.91

（续）

2007 年	GDP	废水排放总量	废气排放总量	固体废弃物产生量	各地地区年末在岗职工数	各地区单位GDP 能耗
大　庆	1539. 326	8373	1235	258	523751	1. 46
伊　春	138. 742	1728	196	190	196403	2. 10
佳 木 斯	297. 416	3511	1502	117	186985	1. 35
七 台 河	136. 588	873	441	448	151166	3. 17
牡 丹 江	331. 516	2763	726	213	255390	1. 42
黑　河	153. 156	191	136	48	113788	1. 18
绥　化	387. 958	818	96	33	237099	1. 03
大兴安岭	54. 598	303	46	14	89657	1. 36

注：2007 年 GDP 是经过 2006 和 2008 年平均后的结果进行平减。

表 A-4　2008 年数据

2008 年	GDP	废水排放总量	废气排放总量	固体废弃物产生量	各地地区年末在岗职工数	各地区单位GDP 能耗
哈 尔 滨	1982. 180	3620	1218	1150	1301506	1. 32
齐齐哈尔	466. 781	7099	846	392	311064	1. 59
鸡　西	247. 613	1559	358	610	191512	2. 14
鹤　岗	132. 270	2805	315	340	146809	2. 34
双 鸭 山	198. 870	930	670	542	127674	1. 81
大　庆	1474. 679	8944	1277	255	512277	1. 38
伊　春	137. 227	1546	339	149	175888	2. 00
佳 木 斯	290. 623	3361	379	132	169383	1. 28
七 台 河	144. 309	1295	580	517	130373	2. 94
牡 丹 江	321. 749	2847	930	229	226891	1. 33

（续）

2008 年	GDP	废水排放总量	废气排放总量	固体废弃物产生量	各地地区年末在岗职工数	各地区单位GDP能耗
黑 河	163.929	187	149	42	109308	1.13
绥 化	397.702	2403	160	42	229917	0.99
大兴安岭	56.436	593	62	18	83593	1.28

表 A-5 2009 年数据

2009 年	GDP	废水排放总量	废气排放总量	固体废弃物产生量	各地地区年末在岗职工数	各地区单位GDP能耗
哈 尔 滨	1947.27	3539	1185	1330	1692864	1.24
齐齐哈尔	439.63	4968	932	345	375590	1.48
鸡 西	243.49	1239	350	944	223725	1.96
鹤 岗	127.21	2790	322	368	199704	2.14
双 鸭 山	200.03	874	2759	578	162196	1.70
大 庆	1271.40	8597	1267	312	699874	1.31
伊 春	116.74	1130	300	190	231127	1.92
佳 木 斯	277.51	3276	418	146	227632	1.21
七 台 河	145.48	1698	732	625	175003	2.73
牡 丹 江	337.27	2778	597	224	392198	1.26
黑 河	159.19	161	277	84	147198	1.06
绥 化	398.12	1065	256	58	271161	0.96
大兴安岭	56.99	670	66	18	103740	1.21

后　记

　　本书是在我的博士论文基础上形成的，该书的完成不光是来自于本人的刻苦与勤奋，更离不开经济管理学院各位老师、同学与家人的帮助。

　　首先要感谢我的导师王兆君教授多年来对我的学术指导与事业上的鼓励。导师学术严谨、学识渊博、思想深邃、治学严谨、为人谦和，在学术研究上高屋建瓴，是学生终身学习的楷模，再次感谢王老师对我的关心、鞭策和支持。

　　感谢经济管理学院的各位老师多年来对我的真诚帮助和热心指导，在这里的学习生活让我汲取了很多有益的人生精华。特别要感谢田国双教授、曹玉昆教授、耿玉德教授、张德刚教授、万志芳教授、吕洁华教授、田刚教授在我论文研究过程中提出的宝贵建议，使得本文得以充实、完善和提高。感谢博士论文外审中三位盲审专家、以及在最后答辩中两位慈祥和蔼可敬的外请专家胡珑英教授和陈伟教授对本文提出的建设性修改意见。

　　感谢经济管理学院各位领导和老师在我读博期间和论文写作期间给了我许多的教导和关怀，使我在教学和科研上受益匪浅，您们的悉心教诲、热心帮助，我会铭记在心。

　　感谢读博期间曾经帮助和支持过我的师兄弟师姐妹们，他们在生活、学业及事业上都给了我极大的关怀与鼓舞，使我受益颇丰。

　　十分感谢我的家人对我的支持和奉献，论文的顺利完成与他们的支持、理解是分不开的，他们的爱是我前进的动力。尤其在我论文研究的最后阶段，岳母特地从南方赶来帮忙，使我终生难忘。

特别感谢我的妻子章金霞，是她与我一起分享博士生活及论文写作中的酸甜苦辣，为我博士论文的顺利完成付出了辛勤的劳动。在这里也祝愿我的妻子研究好运，在碳会计领域多出好成果。

关心支持过我的人还有很多，这里就不一一列举了。在将来的研究中，我会继续加倍努力，以更加优异的成绩来回报他们。

在本书即将付梓之际，心中既有难以掩抑的喜悦，更有无形向上的压力，本书是我攻读博士学位期间的研究成果，但我希望它将会成为我今后事业发展的新起点。吾生也有涯，而知也无涯！路漫漫其修远兮，吾将上下而求索！

2012 年 6 月于东北林业大学